樹海怪談

——潜入ライターが体験した青木ヶ原樹海の恐ろしい話

村田らむ
text by Ramu Murata

彩図社

はじめに

樹海怪談。
青木ヶ原樹海を舞台にした怖い話だ。
前もって言わせてもらうなら、この本では心霊現象は起きない。
超常的なことも起きない。
だが、それでも怖い。

青木ヶ原樹海とはどんな場所なのか？　霊峰富士の周りをぐるりと取り囲む、森だと思っている人が多い。だが実際には、富士山の北部の４キロ四方くらいのさほど大きくない場所だ。森でない場所なら、１時間ほど歩けば踏破できる。コンパスが利かなくなる、一度入ると出られなくなる、野犬が出る、などの噂があるが、多くはデマだ。

しかし、多くの自殺志願者が集まってきて、自殺を重ねているのは、まごうことなき事実だ。

なぜか死にたい人たちは、富士の近くの森につどって自殺する。多くの自殺スポットは、崖やビルや駅、つまり位置エネルギーや衝撃のエネルギーを利用して死ぬために仕方なく決定される。だが、青木ヶ原樹海では多くの人が首を吊ったり、毒を飲んだりして静かに死ぬ。

まるで儀式のように。

そういう自殺スポットは世界的にも非常に珍しい。

霊峰富士の清々しさとは逆の、禍々しさを秘めている。そしてそこが魅力だ。

SUICIDE FOREST AOKIGAHARAの魅力は今や海外にも広がり、映画の舞台になったり、デスメタルバンドのバンド名になったりしている。

現在の日本では、そして多くの国では、死を意識しないで生きられるようにできている。死が隠蔽《いんぺい》されていると言っても良いだろう。

本来、法律的に非合法であるエロスはある程度解放されアウトプットも見過ごされている。だが、死体は本来法的には問題ないはずなのに徹底的に取り締まられている。動画共有サイトに死体が映れば動画はあっと言う間にバンされる。人が死ねば、まるで水洗トイレのように、人々に見られることなく処理されて骨になる。

今や死は、統計上の数字と、映画の中だけで起こる安っぽいできごとになり下がった。

まるで、皆で死に気づかずにいれば、死なずに済むかのように思っている。死など存在しないように生きることが正しいと思っている。

しかし、死は今もある。どれだけ見えなくしてもある。

「上り坂と下り坂、どちらが多いでしょう？」という子供向けのクイズがある。正解はもちろん『同じ』だ。ならば、

「生と死、どちらが多いでしょう？」というクイズならば答えはどうだろう？　それはやっぱり『同じ』だ。

一瞬は生のほうが多いが、いずれ死が追いつく。１００年後には今いる人たちはほとんど死んでいる。いつか人類ごと死ぬ。地球上の全ての生物はいつか全部死ぬ。

その時、生の数と死の数は『同じ』になる。

生が溢れている場所には、死も溢れる。

少しばかりの時差があるだけだ。

「結局、全部死んでしまうんじゃあ、意味がないじゃないか？」

それでは生きていくのに、国を運営するのに差し障りがあるから、宗教的な「永遠の生」「来世」「天国」などというような詭弁《きべん》を使って生きてきた。

今はそれが行き過ぎてしまった。

ユートピアもどきの世界に生きているのは楽だが、やはりそれは不自然だ。

不自然な世界に生きていると不安になる。

不自然な世界に気づいた人は、人は死が見たくなる。

死を渇望する。


結果、みんな死の森・青木ヶ原樹海に興味を持つのではないだろうか？

おそらくは、あなたも。

鮮烈な生と死の世界、樹海怪談の世界へようこそ。

『樹海怪談～潜入ライターが体験した青木ヶ原樹海の恐ろしい話』目次

第四章 樹海の謎と都市伝説

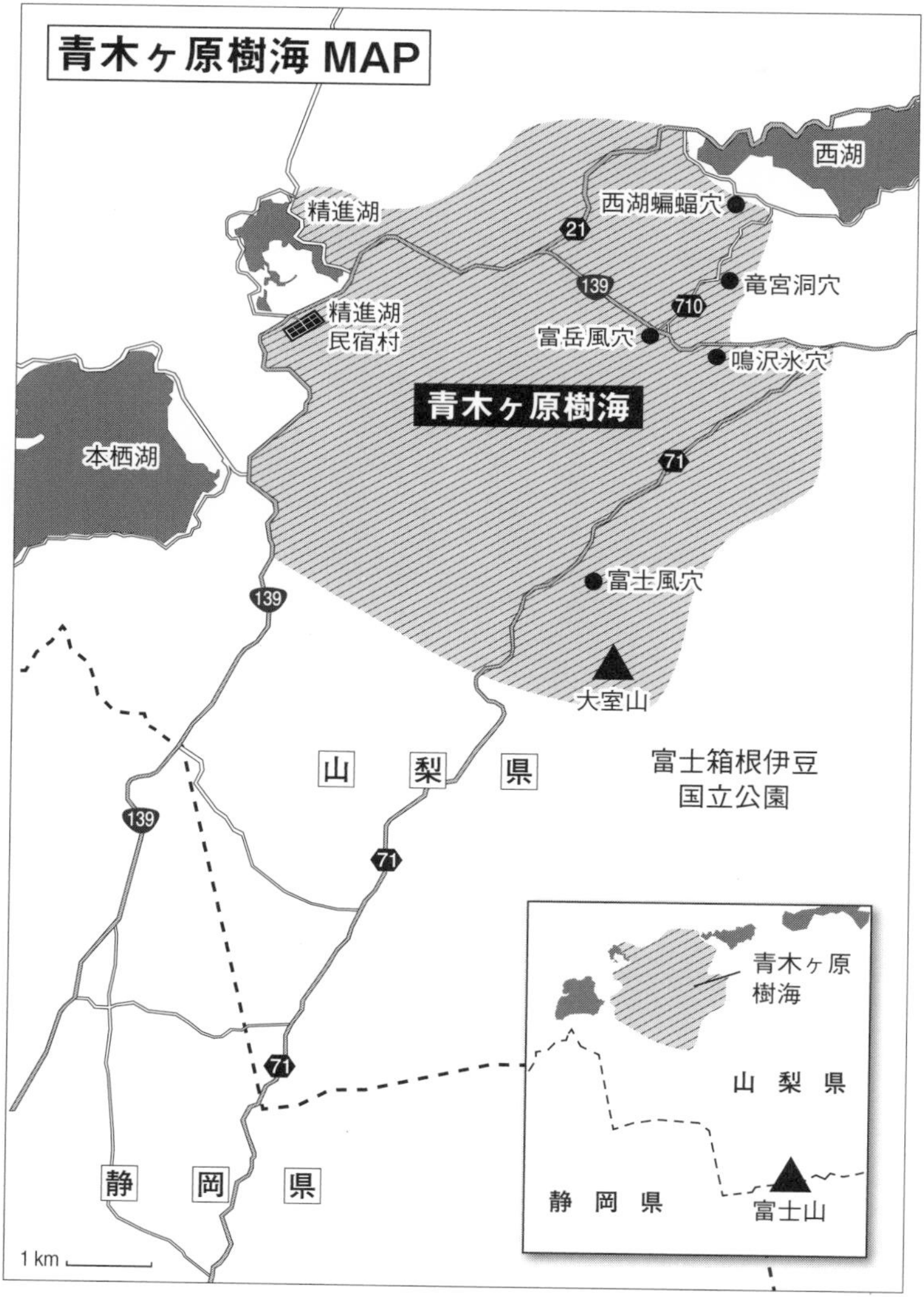
青木ヶ原樹海 MAP
西湖
西湖蝙蝠穴
精進湖
21
139
竜宮洞穴
710
精進湖
民宿村
富岳風穴
鳴沢氷穴
青木ヶ原樹海
本栖湖
71
富士風穴
139
大室山
山　梨　県
富士箱根伊豆
国立公園
139
71
青木ヶ原
樹海
山　梨　県
71
静　岡　県
静　岡　県
富士山
1 km

第一章 樹海を彷徨う

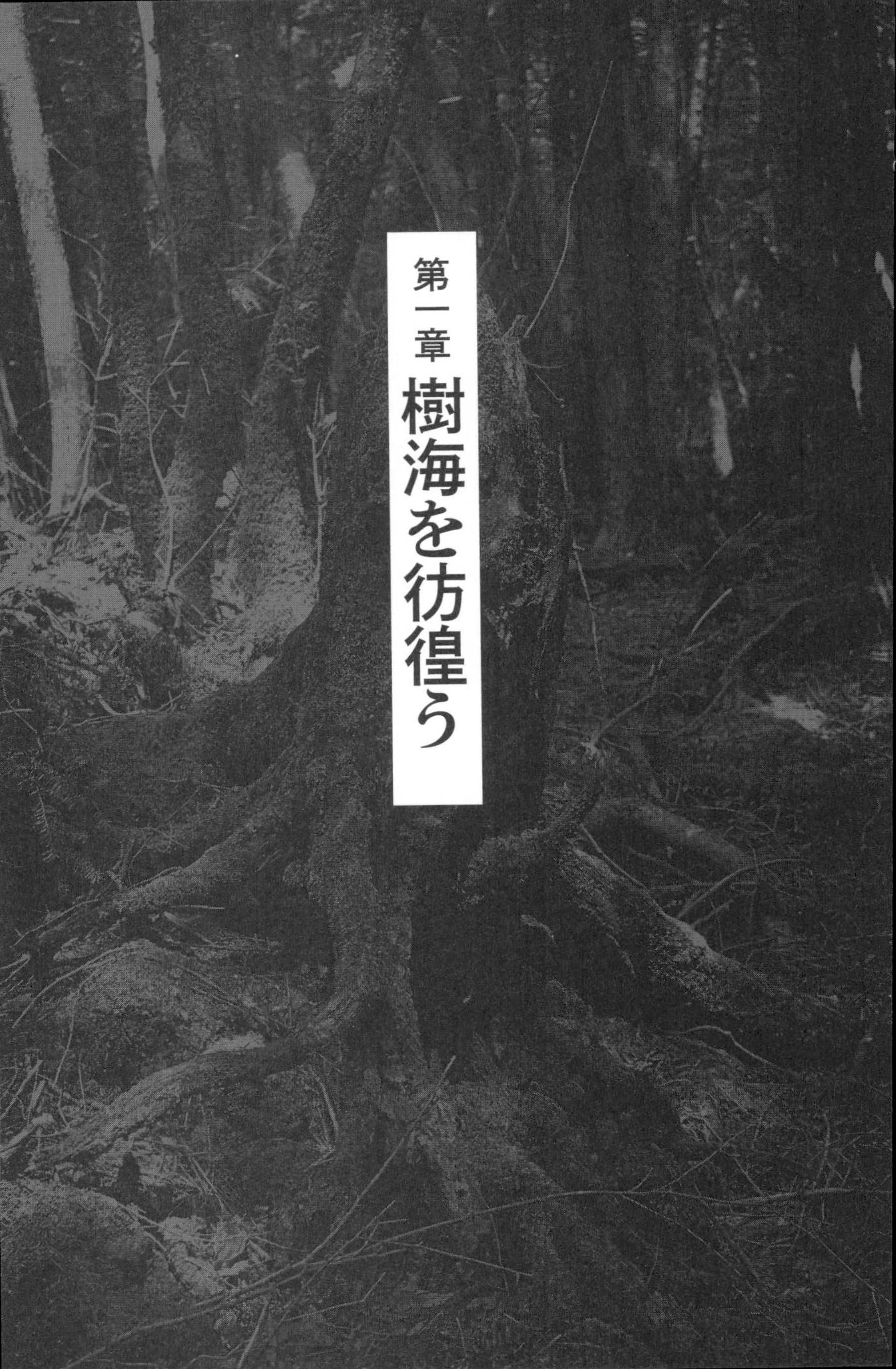

【第一章　樹海を彷徨う】

人殺しと樹海に行った話

某出版社から電話があった。

「人殺しをインタビューして欲しいんですけど、大丈夫ですか？」

当時の雑誌はかなり過激なことをやっていたが、それでもこの依頼には驚いた。

人殺しと言われても、どんな人殺しなのか分からない。

「編集部に、殺人罪で刑務所に入っていたという男から手紙が来たんですよ。『自分を取材しないか？』という売り込みでした。獄中でうちの雑誌を呼んでいたみたいで。でまあ、とりあえず話を聞いてみようかと……」

その雑誌は、不良グループや暴力団を扱うことが多く、刑務所内で読まれることも多かった。

「いいですけど、どこでインタビューするんですか？　編集部でいいんですか？」

「あ、いや。自動車の中でインタビューしてもらおうと思って」

自動車の中？　かなり変則的だ。

「彼、樹海で人を殺して、死体が見つかって逮捕されてるんですよ。だから一緒に樹海に行こうと思って。一緒に樹海へ移動しながら、インタビューしようという企画です」

人殺しと一緒に、殺害現場である樹海へのドライブをする。厭《いや》な企画だ。

当日、駐車場で「人殺し」を待つ。

件《くだん》の「人殺し氏」が現われた。名前は、Nさんという。見た目には三十代半ばで中肉中背の男性。オールドスタイルの黒いコートを着込んでいた。

終始笑顔なのだが、ニコッと爽やかなスマイルではない。攻撃的な、肉食動物の笑い顔だ。背中がゾクッと冷えた。

挨拶を交わしてワゴンに乗り込んだ。

編集者2名と僕と人殺しのNさん。4人を乗せたワゴンは高速道路を山梨方面に走っていく。

「当時はテレクラで荒稼ぎしてた。繁華街にはたくさんあっただろ。俺の島を乗っ取ろうとする男がいた。そいつももちろん暴力団。でなんとか逃げて殺されずに済んだ。で、逆に相手をさらった」

さらった後は監禁して、軽く拷問をしたそうだ。

「俺、組の中では長いこと〝拷問〟と〝殺人〟を担当してたのね。ビルの中に、監禁と拷問と殺人の専門の部屋があったから。別に殺すのは平気だったし、何人殺したかも覚えてないよ」

淡々と、とても恐ろしいことを言う。

ふかしてウソを言っていると思いたいが、目の前の男は本当に刑務所に入っていて、最近出てきたばかりなのだ。

「殺すのは平気だけど、その時だけ殺す方法を変えたのが失敗だった」

普段は密室で殺して室内で処理するのに、樹海に捨てるという方法を採った。

「樹海に死体を放置したら報道されるだろ。それが敵に対して脅《おど》しになればと思ったんだけどな」

結局、自分が逮捕されてしまったと自嘲《じちよう》気味《ぎみ》に笑った。

ひょっとしたら殺した後に死体を埋めようと思ったけど埋められなかったのかもしれ

ない。樹海の地面は溶岩なので硬いのだ。表面に乗っかっている腐葉土《ふようど》はとても薄い。掘れば、すぐに硬い溶岩が出てきてそれ以上掘れない。もちろんそんな事は聞けない。

「生きたまま、自動車に乗せて、樹海に向かって車を走らせた」

殺した相手は肝の据わっている男で、殴っても、切っても、心が折れずニヤニヤと笑っていたそうだ。

「そういう奴を大人しくさせる方法ってなんだと思う?」

いきなりクイズを出された。僕はもう、話を聞いているだけで心が折れている。分かりませんと首をふる。

「そういう時はな、相手の肉を食ってやるんだよ。足でも、腕でも、生きたまま肉を削いで。自分の肉が生で食われてるとこを見せるんだ。すると、どんだけ勢いがある強い奴でも、ヘタッと心が折れる」

それは折れるだろう。

「あとは、目の前でそいつの家族を殺すのも効く。人によっては、悪いのは本人だけで家族は関係ない、かわいそうだ、とか言う奴がいるけど、俺には理解できない。悪い奴の稼いだ金で買った米を食ってブクブク太っておいて『私たちは関係ない』は通らない。

そいつらは悪い奴の一部だ。俺は殺すし、食う」

食うのか。聞いているだけで、目の前がチカチカとしてきた。

大人しくなった男を樹海に連れていき、樹海の中を歩かせ、首を絞めて殺したのだという。死体は、そのままそこに放置した。

「トイレ休憩しましょう」

編集者はハンドルを切ってサービスエリアに入り、自動車を停めた。

車内ではずっとひどい緊張状態にあったので、少しホッとした。トイレを済ませて出てくると、Nさんが外に置かれたテーブルで焼きそばを食べているのが見えた。

「お、焼きそばいいっすね！　うまそうですね」

と調子に乗るタイプの若い編集者がNさんに話しかけていた。Nさんはじっとその編集者の顔を見た。

「お前、焼きそば好きなのか？」

「好きっすよ」

「そうか」

Nさんは素手で焼きそばをガッと掴んだ。そしてその手を差し出した。

「好きなら食え」

サービスエリアにキリキリと緊張感が走る。

「またまた、冗談ですよね～」

「食え」

「え？　マジっすか？　本気で言ってるんですか？」

「食え」

「……」

「食え」

編集者は床に這いつくばって、Nさんの手から焼きそばを食べた。Nさんは、淡々と編集者の口に焼きそばを詰め込んだ。

「うまいか？」

「う、うまいです……」

Nさんは満足げにニッと笑った。

僕は、とても厭な気持ちになった。

インタビューを終えた後、Nさんは誰かに電話をしていた。怒り心頭になると、

「食うぞ‼」

と脅していた。彼の周りの人達は、彼が人食いであることを知っているようだ。

東京から青木ヶ原樹海は自動車で2～3時間もあれば到着するが、その日は延々と移動しているような気がした。

車は蝙蝠穴《こうもりあな》の駐車場に停まった。そこから徒歩で樹海の内部に入る。実際、Nさんは、深夜にこの駐車場に自動車を停めて、捕まえた敵の暴力団員と樹海の内部に入っていったのだ。その時は、男はまだ生きていた。仏心《ほとけごころ》からではない。殺してしまったら、死体をかついで歩かなければならないからだ。夜中の樹海を男の死体を抱えて歩くのは不可能だ。

ある程度、進んだ場所で男を殺した。

その場所がどこなのかは正確には覚えていないという。それはそうだろう。殺したのは10年以上前なのだ。樹海のどこで殺したのかまで、覚えているわけがない。

「正確な場所は分からないが、ここらへんだと思う」

と言ってNさんは立ち止まった。

すると、今までほとんど口をきかなかった編集者が、唐突に提案してきた。

殺人現場を探して、樹海の中を人殺しと歩く

「せっかくNさんと来ているわけですから、Nさんに擬似的に殺されてみましょう」

何を言ってるか分からなかった。

そう言うと、編集者は三脚でビデオを固定して去っていった。つまり、ドッキリ企画だったらしい。

樹海の中に本物の人殺しのNさんと2人きりにされた。脳がジンジンとしてくる。

「じゃあ、やろうか?」

Nさんはニッと笑った。

ああ、これは捕食者《プレデター》の笑顔だ、と思う。断るわけにもいかず、Nさんに言われた通り、Nさんと背中合わせになって立った。

頭上からロープが下りてきて、首にかかった。手は拘束されていなかったので、反射的に手でロープに触った。その瞬間、グンッ‼ とすごい力でロープが引かれた。

柔道の背負い技の要領で僕の首を絞める。

首とロープの間に挟まった指が一気にうっ血する。たまたま指が挟まったから気道は確保できたが、ガチで首を絞められていたらどうなっていたか分からない。

なかなかやめない。グイグイと絞め続ける。

指が挟まっていても、気道も血管も締まり、風景が青っぽく変化する。

この人、マジで殺す気だ‼　ヤバい‼

ジタバタと暴れるがどうにもならない。

その瞬間、ふっとロープの緊張がとけた。解放され、地面に膝からしゃがみこむと、ゲボゲボと激しく咳が出た。過呼吸になり、口からよだれがツッと垂れる。

「情けないなあ。ここで殺された奴だってもっと堂々としてたぞ。男らしくしろよ」

Nさんはそう言うと笑った。

僕も笑顔になろうとしたが、できなかった。編集者たちが置いて行ったカメラを片付け、駐車場に戻る。

その後、せっかくだからということで、心霊スポットを回ることになった。Nさん自身、霊を信じているという。

僕はそもそも霊など毛ほども信じていない。それに加え、先程まで森の中で首を絞められていたのだ。今更、呪いのトンネルだのなんだの全く怖いと思わなくなっていた。

Nさんも全然怖がっていなかった。

「ここには霊はいないよ。ちょっと雰囲気があるだけで、全然だ」

と言った。編集者たちは記事にならないから、困ったような顔をした。時間も遅くなってきたし、東京に帰ることになった。

「Nさんって怖いものあるんですか？」

「ん、霊が怖いよ」

即答だった。

Nさんの話を信じるなら、Nさんはたくさんの人間を殺めてきている。Nさんに、恨みを持った霊が怖いのだろうか？

「違うよ。馬鹿言うなよ。俺に殺された奴なんか全く怖くねえよ。俺より弱かった奴が霊になったって、そんなのは何にもできねえよ」

霊が怖いと言っても、闇雲に怖がるわけではないのか。

「もっと強い力を持った霊だよ。得体の知れないヤツだ。もしかしたら、そもそも人間じゃないのかもしれない。自然から生まれたんだろうか。ドロッとした白くて大きい怖い霊だよ……」

冗談でも言っているような内容だが、Nさんの表情は真面目だった。捕食者《プレデター》の笑顔が消えている。

「今、俺の住んでいるマンションにもいるんだよ。それがとにかく怖いんだ」

僕は、霊を怖がるNさんがとにかく怖かった。怒っている時よりも、笑っている時よりも、怖がっているNさんが怖かった。

結局、この取材は上層部からのストップがかかり記事になることはなかった。

そしてNさんは再び大きな犯罪を犯し、また刑務所に収監されたという。

刑務所の中にドロッとした白くて大きい怖い霊が現れないことを祈る。

【第一章　樹海を彷徨う】

背広と女の子

知り合い数人と樹海に行こうと言うことになった。集まった人たちは僕以外全員、初樹海で普段アウトドアもしない人たちだった。

樹海の中をガッツリ歩くというよりは、樹海の周りの施設を見学しようという話になった。富岳風穴《ふがくふうけつ》、鳴沢氷穴《なるさわひょうけつ》、蝙蝠穴の地下洞窟を歩いたり、乾徳道場《けんとくどうじょう》（190ページ）まで歩いていったりする。自殺防止看板や、巨大なジャングルジム（樹の周りをジャングルジム状に囲い、樹の成長速度を測っている施設）を見ただけでもみんな満足していた。

最後には富士風穴の洞窟を見学して終わることにした。洞窟の手前の穴の底に降りると真夏でも涼しい。朝からずいぶん行動したので、最後はご飯を食べて帰ろうと来た道

樹海に掲示された自殺防止の看板

を帰る。県道71号線だ。富士山の西麓《さいろく》から青木ヶ原樹海の真ん中を突っ切って走る10キロほどの道路だ。左右が全て樹海の道。風光明媚でバイクのツーリングなどでも人気だが、鹿が飛び出してくることもあるので飛ばすのは危険だ。この日も、ゆっくりとした速度で走っていた。

「あれ？　あの人なんだ？」

と運転手が声を出した。

視線の先には道路を渡っている2人の人物がいた。

樹海には不似合いなキチッとした背広を着た男性。男性の右手は赤い服を着たまだ幼い女の子の手を掴んでいた。半ば力任せに女の子の手を引いて道路を渡ると、そのまま樹海の中に入っていった。

全員が無言で目で追った。

「ちょ……ちょっと停めよう」

誰かが言ったが、後続車が来ていて停められない。二車線の道路だからそう簡単に転回もできない。戻ってくるのに5分以上かかり、当然もう影も形もなかった。2人が入っていった地点に遊歩道はなかった。

「もう夕方なのに、あの2人はなんで樹海の中に入っていったのだろう?」

誰もが疑問に思ったが、誰も答えは知らない。とても楽観的に考えるなら、何か撮影があってここを歩いていたのかもしれない。悲観的に考えるなら、親子心中で最後のおめかしをしていたのかもしれない。

先程までの楽しかったムードは消し去り、車内は会話もない暗い雰囲気になった。

女の子の手をグイグイと引っ張り、樹海の中に入っていく男の足取りを、今でも思い出す。

【第一章　樹海を彷徨う】

初めて死体を見つけた話

初めて訪れてから何度か樹海に足を運んだが、死体は見つけていなかった。

自分の中で「樹海に行っても死体は見つからないものだ」と決めてしまっていた。

そんなある日、知り合いの女性のイラストレーターに
「キノコをモチーフにイラストを描いているんだけど、資料用に野山にキノコの写真を撮りに行きたい。どこかキノコがたくさん生えている場所は知りませんか？」

と聞かれた。

青木ヶ原樹海はキノコが多い。

真っ赤なタマゴタケ、白い幽霊のようなギンリョウソウ、本当に猿が座れるくらい大きいツガサルノコシカケ、などなど名前も分からないキノコが大量に生えている。

「樹海ってでも自殺してる人がいるって聞くし、出れなくなるって聞くし、大丈夫ですか？」

この時はまだ死体を見つけたことはないし、出ることもできた。結果、僕が樹海を案内することになった。

樹海を最初に縦断したルート、富岳風穴と鳴沢氷穴の遊歩道の途中から南下していった。一応、人の命を預かるので、スズランテープを張りつつ進んでいった。

5月はキノコのシーズンの少し手前だったが、それでもたくさんのキノコが生えていた。梅雨を過ぎるとさらに増える。キノコが増えるたびに立ち止まって写真を撮る。

キノコ以外にも苔やシダなどにも興味を示していた。自然が好きな人には、青木ヶ原樹海はたまらない森だ。

僕も一眼レフを持ってきていたが、めんどくさくてカバンの中に入れていた。

普段は何らかのミッションがあって樹海に来るが、今回はキノコを撮るだけなので気が楽だった。この時は本当に取材のことは忘れて、綺麗な森を楽しんでいた。

しばらく歩いたところで平らな場所を見つけたので、休憩をすることにした。ビニールシートを敷いて荷物を置く。水分補給をした後、カメラを片手に付近を散策する。

うち捨てられたテントやリュック。こうした残留物の付近には遺体があることが多い

すると古いテントの跡があった。テントの周りには傘なども散らばっていた。樹海でキャンプをして、持ち帰らない人は多い。テントだけでなく、食器や余った食材なども全部捨てていく。そういうのは勘弁して欲しいが、稀にそのテントの中や近くで自殺をしている場合がある。樹海に到着してその日のうちに死ぬ人もいるが、テントを張ったり、寝袋で数日過ごして、悩んだ末に自殺をする人も多い。首吊りようのロープを張ったが死にきれずに帰ってしまう人もいる。いつまでもブランとぶら下がったロープが残されて、不気味だ。

イラストレーターは休みながらもパ

シャパシャと写真を撮っていた。キノコはどこにでも生えている。

僕は手持ち無沙汰になって、カバンから一眼レフを出して風景写真を撮った。樹海の写真は簡単そうで、実に難しい。適当に撮ると、ただ樹が生えているだけのメリハリのない写真になってしまう。

撮っているうちに、何だか違和感を抱いた。脳に引っかかりだ。肉眼でジッと森を見つめる。かなり遠くの高い位置に水色が見えた。

人が立っているように見える。

でも動かない。微塵も動かない。

バクンと心臓が強く脈打った。その日は望遠レンズを持っていなかったので、近づかなければ、詳細は分からない。

キノコの写真を撮るイラストレーターに

「ちょっと、見つけちゃったかもしれなくて。見てきます」

「え？　見つけた？　見つけたって何を？」

目を丸くするイラストレーターを置いて、僕はゆっくりとその水色に向かって歩き出した。

近づくにつれてディテールがはっきりしてくる。青い作業着を着込んだ、白髪交じりの初老の男性だった。中に着込んだシャツも薄いブルーで、ズボンはカーキだ。

オレンジ色のロープで首を吊っている。

足は下についている。手をグッと握っている。顔は電車でうたた寝している人のようなだらしない顔だが、とても白い。

そして半開きになった口の中が黒く、並びの悪い下の歯が見えた。つっと一筋唾液が糸を引いている。

グッと握りしめられた手は顔とは対照的に赤黒くなっていた。もっと近づくと、ほんの少しだけ目が開いているのが分かった。何も見ていない目。バクンとまた脈打つ。

その時は気づかなかったのだが、胸のポケットにはがき大の紙が入っていた。ひょっとしたら遺書だったのかもしれない。

ロープは木のかなり高い位置にかけられていた。そして首を吊った後に、体重で下に降りて足は地面についていた。臭いはしないし、ハエもいなかった。素人目にも、死んで間もないことが分かる死体だった。

近くにはコカ・コーラの敷布が敷かれ、その上には彼の荷物が残っていた。枯葉も乗っていないから、つい先程だったのが分かる。

小さめのナップサックと、ウエストポーチ。ナップサックの下には今日の新聞が挟まっていた。見つけたのが13時くらいだったから、死んだのは新聞が出てから先程までの数時間くらいだ。

コンビニの袋が3つ置かれている。弁当の空き箱など食べ物の空き箱、スタミナドリンクの瓶が数本、パーラメントのタバコの空き箱が置かれていた。荷物は綺麗にまとめられていて、生前はとても真面目な人だったのだろう。

死体は動かない。

全く動かない。

人が動かないということに、こんなに違和感を抱くとは思わなかった。

一眼レフカメラで写真を撮った。

その時は気づかなかったが、半分くらいの写真が手ブレしていた。知らず知らずに手が震えていたようだ。

元の場所に戻ると、イラストレーターの顔は青ざめていた。恨まれるのは仕方がないが、今回は本当に死体を見つけに来たわけではなかった。見つけようと思っていない時に限って見つかるものなんだな、と思う。

遊歩道に帰ると携帯電話の電波がつながった。１１０番にかける。

樹海の中で死体を発見したと伝えると、今から向かいますと丁寧な口調で言われた。

富岳風穴の駐車場でしばらく待つ。

パトカーには警察官が４人乗っていた。１人は年配だったが、他は若い。警察官なのに、かなり長髪気味の人もいた。事情聴取を受けるが、僕は上手くかわして、イラストレーターに受けてもらう。

「なんで樹海に来たの？」

「キノコの写真を撮ろうと思って、連れてきてもらったんです」

「え？　キノコの写真を撮りに？　イラストレーターさんねえ。仕事熱心なのは良いけど、気を付けてくださいよ」

警察官は笑った。警察は女性に甘い。

全員でザクザクと歩いていく。

ヒモを張り始めた場所まで連れて行くと、

「ここまでで結構ですので、お帰りください」

と言われた。ライター的には、死体を運び出すところまで見たかったが、ごねるわけにもいかなかった。

それで素直に帰ることにした。

帰る途中、イラストレーターの目を盗んで、出版社に電話をかけた。

「樹海で死体を見つけたんですけど、記事にしませんか？」

後日、企画が通った。

「ただ、もう一度行きませんか？　死体以外にも写真も欲しいですし」

と編集者が言った。正直、一記事を作るくらいなら十分にエピソードも写真もあったのだが、編集者の金と車で樹海に行けるなら、それは行っておきたいので快くＯＫした。

【第一章　樹海を彷徨う】

二体目の死体を見つけた話

担当の若い女性編集者の運転する車で青木ヶ原樹海に向かった。

「樹海の記事は受けると思いますよ。しかも死体の写真もあるわけだし。ひょっとしたら二体目の死体も見つかったりして!!　見つけたらページ数増やしましょう!!」

とノリが良い。

サブカル雑誌とはいえ、死体写真をそのまま載せられるわけではない。死体写真を載せてはいけないという法律があるわけではないのだが、実質NGだ。実は同人誌ですら印刷するのは難しい。一度作ったことがあるのだが、東京では刷ってくれる会社は見つからず、京都の印刷屋で刷ってもらった。その会社も今は刷ってくれなくなったそうだ。

知人が死体を写した本を出した時は、印刷屋の従業員が死体の写真を一切見ずに作業できるよう、表紙や折の部分には死体の写真を配置できないという厳しいルールを課せられたという。エロは法律違反なのだが、意外と刷ってくれる会社もある。現代社会がいかに〝死〟を締め出そうとしているかが分かる。

「ただ、ですね。一応、念の為、弔《とむら》っているという形にしたいんですよ。怒られづらくするためにも。途中で、花とお線香を買っていきましょう」

断ることもできず、花と線香を持って富岳風穴の駐車場に車を停めた。

樹海を歩いていると、たまに花や線香を見かける。知人が亡くなった人が置いたのだろう。別にいいのだが、線香は火事の可能性があるからやめてほしい。もしどうしてもというなら、しっかり消してから帰って欲しい。

「その死体があった場所に行けますか？」

「警察がヒモを片付けていなかったら行けると思うんだけど……」

そう言って、前回張ったヒモを探したが見つからなかった。警察が死体を回収した時に片付けてしまったのかもしれない。

どちらにせよ、死体はすでにないのだからあまり意味はない。なんとなくそれっぽい場所に、花と線香を置いて手を合わせている絵を撮った。

内部がびっしりと苔むしていたヘルメット。持ち主はどこに行ったのだろうか

その後、写真映えするカットを探して樹海の周辺を歩いた。

『命は親から頂いた大切なもの　もう一度静かに両親や兄弟、子供のことを考えてみましょう。一人で悩まずまず相談して下さい。』

と書かれた看板。

熊よけなのか、樹に結ばれた鈴。

『立入禁止 No entry』と書かれた札。

苔むしたバイクのヘルメット。

などの写真を撮った。

撮っているうちに日が陰りだした。もうそろそろ引き上げなければならない。

ふと足元を見ると、太いゴムのロープが落ちていた。ロープは地面を這って樹海の中に入っていっている。

「このロープをたどっていって、それで今日は終わりにしましょうか？」

と編集者に言うと、

「二体目が見つかるかもですね‼　期待してますよ‼」

とワクワクした顔で言われた。

太いロープだったのであまり長さはなかった。20～30メートルも進んだところで、終わってしまった。立ち止まって顔を上げると、目の前は小さな崖になっていたのだが、崖を見下ろしたところに〝首〟が見えた。後ろ姿だ。少し薄くなった頭頂部。樹海では珍しいスーツ姿。高い位置から青いロープが張られていて、ロープが深く首に食い込んでいるのが見える。ぐにゃりと首が折れている。

「二体目、ありましたよ」

と言って、振り向くと編集者はすでにいなかった。かなり遠くの方をガサガサと走っていた。死体はゾンビじゃないのだから、逃げなくても大丈夫だ。

「走ると危ないですよ‼　あんまり遠くに行ったら帰り道分からなくなりますよ‼」

と呼びかける。

「怖いです‼　村田さんひとりで写真撮ってください‼　誌面で使いますから‼」

言われなくても写真は撮る。

崖を降りて、死体の正面に立つ。

今回の死体も、素人でも分かるほど死んでからの期間が短い死体だった。数日くらいだろう。だが前回のよりは時間が経っている。顔はどす黒かったし、少し死臭がした。

「死臭はどんな臭いか？」

と聞かれることがあるが、説明するのは難しい。それに遺体によって臭いも違う。生ゴミの腐敗臭、大便、くさや、などの臭いが入り混じったような臭いだ。まだ大した臭いは出ていなかったがハエは集まって来ていた。

まぶたがグリグリと動いたので驚いたが、ハエが目の中に潜り込んでいた。目から涙のような液体が出ているのが見えたので、よく見てみるとツブツブだった。ハエの卵だ。鼻や口からも容赦なく入っていく。ただ耳には入っていかない。耳垢《みみあか》には防虫効果があるそうだ。ただ死んでしまったら、意味がないが。

一眼レフを取り出して、写真を撮る。

二回目なので、前回よりは落ち着いて撮ることができた。

「写真撮れましたか？　私、怖いんですけど！」

と編集者の声が聞こえる。

「ちょっとレンズをマクロに変えて撮るので、待ってください」

と言うと
「いい加減にしてください‼」

と罵倒が聞こえてきた。行きの車では、見つかるといいですねと言っていたのに、勝手なものだ。前回よりは、ずっと落ち着いて撮ったつもりだったが、それでも三分の一ほどはブレていた。

場所を覚え、遊歩道に戻り、警察に電話することにした。ただ女性が電話した方が当たりが柔らかくなるような気がしたので、編集者にかけてもらった。

パトカーが来たのは午後3時を回っていた。

パトカーは軽自動車で、人数も2人だった。2人とも二十代の若い警官だった。

挨拶をすると、パトカーからカメラやメモボードを取り出す。2人ともいかにも「うんざりだ」という表情で作業している。

警察の事情聴取には基本的に編集者が答え、

「雑誌で樹海の写真が必要なので撮りにきたら、死体を見つけてしまって、ビックリして……」

と、本当に泣きそうな顔で話したので怪しまれることはなかった。僕も話を聞かれたのだが、

「編集に頼まれて写真を撮るためについてきたカメラマン」

というポジションで話したらとくに追及されることはなかった。

「いやあ、しょっちゅう通報あるんですよ。なんで樹海で死にたくなるんでしょうね？」

と苦笑しながら語っていた。

ゴムロープをたどって先程の場所に戻る。

死体を見ると、ホッとした顔になった。

「お‼　新しいね。良かった」

「うん、全然、キレイだわ。これなら大丈夫」

警官同士が会話している。腐ってしまった場合は持ち運びが大変らしい。

「確認したので、今日は帰ります」

と言われた。

「え？　死体置いていくんですか？」

「もう夕方ですからね。これから作業をすると日没になって危険ですから。明日朝から作業します」

たしかにもう16時前で樹海の中はだいぶ薄暗くなってきていた。しかし、死体を樹海に放置したまま帰るというのに少し驚いた。そう、死体はもう人間ではないから、そんなに大事にされないのだ。なんだか少しさみしい気持ちになった。

翌日、警察官から電話がかかってきた。

「先日通報していただいた死体なんですけど、何の荷物も持っていなかったんですよ」

と言われた。

「え？　僕は何も盗ってないですけど」

「いえ、そうは思ってないですが。財布もカバンもないので……ひょっとしたら殺人の可能性もあるという話になりまして。その線が浮上しましたら、改めて連絡させていただきます」

電話は切れた。結局それ以降電話はなかったが、なんだかとても後味が悪かった。

【第一章　樹海を彷徨う】

ＡＩが描く謎の女

ツイッター（現：Ｘ）でバズったことがある。

テーマを与えるとＡＩが画像を生成してくれるサービスで、『ＡＯＫＩＧＡＨＡＲＡ』と打ち込むと、決まって同じような女性が生成される、という内容のツイートだ。

これは、基本的にはいいいい本当のことだった。

ツイートには生成された女性の画像も貼った。

黒い長髪の若い女性で、やや呆《ほう》けたような顔をしている。

ジャージや古い服を着ているが、体は樹海の樹や岩に溶け込んでいる。首にたくさんのテープがかかっていたり、顔に不気味なペイントがあったりと、とても気持ちが悪い画像だ。

これがバズって1万リツイートを超えた。

ウェブニュースの記事になったり、テレビで取り上げられたりした。

多くの人は、デジタル怪談を怖がっている人たちだったが、中には
「やってみたけど再現されない。嘘じゃないか？」

と言っている人もいた。


ツイートは、基本的には本当のことを書いた。

ただ一点省略した。

それはＳＮＳにとってセンシティブなワードだからだ。

本当は、

「AOKIGAHARA」と「SUICIDE（自殺）」

の二つの単語でＡＩに生成してもらったら、件の女性が現れたのだ。

この原稿を書いている時に、ふと思いついて、久しぶりにＡＩに画像を生成してもらった。

そこにはやはりドロリとした目でこちらを見る、髪の長い化粧っ気のない女性がいた。

「AOKIGAHARA」「SUICIDE」で AI が生成した画像

【第一章　樹海を彷徨う】

樹海に置き去りにされた話

この本ではこのあと、Kさんという人物が多く出てくる。ここから記すのは、彼との出会いの話なのだが、村田らむが今までで最も死にかけた話でもある。

サブカル系の人たちと付き合いの深い知り合いから、「樹海で死体を探すのを趣味にしている人たち」と樹海にいかないか？　と誘われた。

僕はそれまで大勢で樹海に行ったことがなかったし、そういう人たちがいるのも知らなかった。

「そういう人たちと樹海に行くなら、最低限の装備で大丈夫かな？」

と思って、軽装備で行った。

スマートフォン、モバイルバッテリー、500ミリリットルの水2本、一眼レフカメラなどの撮影機材、それくらいの装備だ。荷物が軽いと、スタミナの消費は抑えられる。スタートラインはいつも通り、富岳風穴だった。僕以外にもゲスト参加者は何人かいた。死体を探して樹海の中を進んでいく。

あまり固まって行動したがらないというのを知った。理由はみんなで動くと死体の発見率が下がるからだ。バラバラで進めば、それぞれが自分のルートで死体を発見する可能性が上がる。だから一旦樹海の中で集合したら、解散してバラバラに歩いてまた樹海の外で集合する。集合場所はＧＰＳの座標で決める。

こちらはそのつもりで来ていないから、他のメンバーからはぐれないようにしないといけない。僕は要所要所で撮影をしたいから、ドンドン進んでいかれると困るが、なんとかついていく。

特に新たな発見はないまま、樹海の真ん中あたりにランドマークを目指して歩く。大きな樹が目印になっていた。ネット掲示板の人たちが集団で使っているようで、ノートなどが置かれて、皆で文通をしたりしていた。

「そこで待ち合わせしてるんだよね」

と言う。樹海のど真ん中で待ち合わせとはとても変わっている。

「Kさんって人で、すごい死体を発見する人。普段は大手企業のエリートサラリーマンなんだけど、週末になると樹海に来て死体を探してるんだよね。集団で来ることもあるけど、1人で来ることもある」

それはものすごく変人だ！　だけど僕は大勢で行動するのが苦手なので1人で行動するのには好感が持てる。

めいめい腰を下ろし、水を飲んだり、食べ物を食べたりして休む。僕も水を飲む。思ったよりも暖かく、すでに2本目のペットボトルを開けた。食べ物も終わっている。

集団の1人が、

「あ、来た来た……」

と口に出した。視線の先を目で追うと、男性がザッザッと慎重な足取りでこちらに歩いてきていた。

それがKさんだった。思ったよりも柔和そうな雰囲気が漂っていたので、少しホッとする。すでに時間は15時を回っていた。

すでに散策できる時間は2時間を切っている。挨拶も早々に散策することになった。

死体を求めて、樹海の深部に分け入っていく

時間がなくなっているせいか散策組は、僕らの方をほとんど気に留めず、それぞれで自由気ままに歩いていった。

僕は良い雰囲気の場所を見つけて写真を撮っていると、あっと言う間に見失ってしまった。早足で追いかけたがすでに見つけられなかった。向こうがこちらを気にかけていないのだから、なかなか追いつけないだろう。ただ、この段階では特に焦ってはいなかった。

スマートフォンの電池はたっぷり残っていたし、モバイルバッテリーもあった。樹海のど真ん中では携帯電話の電波は通じないが、GPSとコンパスモードは使える。とりあえずGPSで現在地を調べると本当に樹海のど真ん中だった。遊歩道までは東に1キロほどだ。樹海の1キロはかなりの距離だ。

スマートフォンをコンパスモードにして東に進んでいくことにした。

20分くらい進んだ時に、違和感を抱いた。

どうも同じ場所を歩いたような気がする。樹海の中はだいたい同じ風景なので、そういう感覚になることがあるが。

一旦歩みを止めてGPSを開く。先程いた場所から全く進んでいなかった。

パニックになりそうになるのを、無理やり押さえつける。時間はすでに16時を回っていた。樹海を歩けるのはギリギリ18時までだ。この段階で、樹海のど真ん中にいるのはかなりヤバい。17時を回って出られなかったら、樹海の中で一夜を過ごさなければならないだろう。水はペットボトル半分、食べ物はない。テントも何もない。死にはしないかもしれないが、かなりつらい夜になる。

とにかくスマートフォンのコンパスには頼らないことに決めた。夕方なのは残り時間が短くて焦るけれど、利点もある。日が落ちかけているので、影が強くできる。

「樹海内では影が見えない」

と書かれている本があったがそんなことはなかった。たしかに何もない道路に比べたら見えづらいが、影はできる。今は西日だ。自分が向かっている方向は東なのだから、自分の影を追いかけていけば、遊歩道にたどり着けるはずだ。とにかくせり上がってくる不安な気持ちを抑えつける。思わず走り出したくなったが、転んで怪我でもしたら目も当てられない。とにかく、無心で歩く。

「影を追って歩く……影を追って歩く……」

15分ほど歩いて、ＧＰＳを確認する。

魔のゾーンを抜けて、東に向かっていた。

ホッと胸をなでおろす。

しかしなぜコンパスが利かなくなったのか？　以前、使った時には問題なく使えたのだ。ここ数日で何か変化があったか？

ハッと気がついた。

数日前に、スマートフォンのケースを買ったのだ。パチンとフタができるタイプだ。

「そうか、ケースに磁石がついているんだ!!」

スマートフォンについた磁石に引っ張られて、方角が変わっていたのだ。目の前に人参をぶらさげたロバのように、ぐるぐると同じ場所を歩いていたのだ。

スマートフォンケースを外して、コンパスのアプリを開く。今度は間違いなく東を指していそうだった。

そのまま早歩きで進むと、遊歩道に出ることができた。先に遊歩道に到着していた人が声をかけてきた。

「Kさんが、死体見つけましたよ!!　行きましょう」

つい先程まで、生き死にの境界線を彷徨《さまよ》っていたことはおくびにも出さず、その人についていった。

ただ、かなりの速度で樹海を歩いてきたので、汗が止まらなかった。

「体調悪いですか？　大丈夫です？」

と気遣われた。気遣うなら、樹海のど真ん中において行かないでくれ。

Kさんが死体を見つけたという場所にたどり着いた。もうすでに17時を回っているため、そんなに長くはいられない。

木の根元にビニールシートを敷きその上に横たわっていた。下半身はジーンズをはいていた。ほぼ骨になっているのだが、皮が残っていて、どろりと腰の部分から溢れ背骨に絡みついている。

上半身はバラバラになって散逸していた。

ジーンズも切り裂かれている。

直感的に、「食い散らかした跡」という感じだ。

頭蓋骨はなくなっていた。ずいぶん探したのだが見当たらなかった。動物が持っていったか、それとも人が持っていったか……。

死体が寝ていた場所の樹には首吊りのロープがかけられていたが、ずいぶん古かった。だが亡くなっている様子から推測するに、首吊り自殺ではないようだ。ただ、状態が悪すぎて、死因は判別できなかった。

服装からおそらく男性、入れ歯が落ちていたからおそらくお年寄り、くらいの推測しか立てられなかった。

荷物には着替えや食料もあったのでしばらくはここで生活していたようだ。

僕にとっては三体目の死体だった。一眼レフカメラを出して写真を撮る。暗くなっていてなかなかピントが合わない。樹海の夕方散策していると人間の目の性能を思う。ある程度暗くなっても、脳が補完してくれるのだ。目がなれる、というやつだ。

写真を撮ろうとすると、光が足りなくてなかなかピントが合わない。

死体を周りに、みんなブラックジョークなどを言い合ったりしている。

Ｋさんは、僕らが集まるまでの間に一通り見終わったらしく少し離れた場所で、死体を眺めながら飯を食べていた。

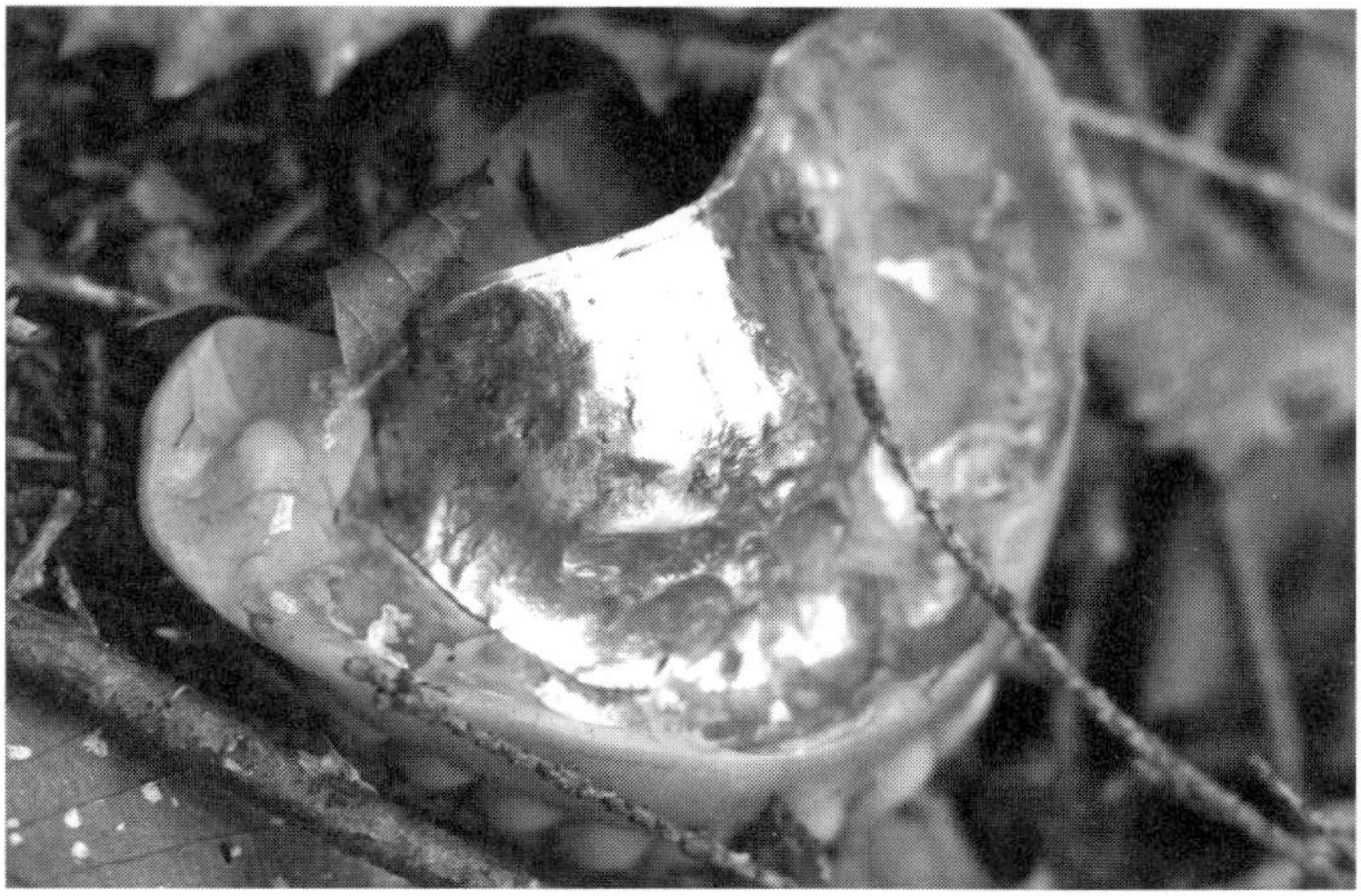

首なし死体の傍に落ちていた入れ歯

Kさんは死体を見ながら飯を食べる。自宅から持ってきた手作りのおにぎり、さけるチーズや、コンビニで買ったサラダチキンなど。

死体を観察する時間は休憩時間でもあるから飯を食べるのは理にかなっているが、それでもわざわざ今食べるの？　という気がする。俄然、興味が湧いてきた。

飯を食べ終わると、Kさんは少し離れた場所をウロウロと観察していた。

「ここに糞があるんだよね。……すごい大きいからイタチやネズミの糞とは思えない」

Kさんが指差す糞は、とても立派だっ

た。小動物ではないし（というか小動物くらいのサイズがある糞だ）、人間の物より大きい。

「熊じゃないかな。死体を食べたのも熊で、ここで糞をして。ガッとなすった跡がある。人間の味を覚えて樹海を彷徨っている熊がいるとしたら恐いねえ」

と言ってKさんは笑った。

時間はもう17時半になろうとしていた。

全員、急ぎ足で樹海から飛び出した。

この時には、樹海には熊がいるのか、いないのか、曖昧だったのだが、最近では目撃例も出ている。しかも目撃したのは知り合いだった。鳴沢氷穴の観光地近くで、普通に歩いているのを見た。通報したら、しばらく立ち入り禁止になったそうだ。

第二章　樹海に呼ばれた人々

【第二章　樹海に呼ばれた人々】

死体よりも怖いもの

「死体って怖いでしょ？」

とよく言われる。

本能的に忌避したくなる気持ちは分かる。映画に出てくるゾンビの外見は、忌避感を巧みに利用していると言える。

ただ死体はゾンビと違って動かない。

最初は怖くても、しばらく見ていたら恐怖感はすぐにおさまる。死体は死体。もう二度と動かない。そもそも、人は人を無力化するために人殺しをするのだ。

だけど、生きている人間は怖い。

ある時、テレビ番組の出演オファーが来た。

僕とKさんとアイドルの女性で樹海を散策するというかなりニッチな番組だ。ディレクターとカメラマンがそれぞれ来て、５人で森の中を歩いた。

女性は樹海の中を歩きづらいのじゃないか？　と言われることがあるが、実はそんなことはない。体力の点で言えば男性の方が勝る場合もあるが、問題なのはむしろ体重だ。樹海は溶岩なので穴が多い。穴の上には腐葉土が乗っているのだが、体重が軽い人はそのまま進めても、体重が重い人は踏み抜いてズッポリハマってしまうこともある。

Kさんもそこらへんはわきまえていて、スマートな体形を維持している。僕は太ってしまってから、歩くのがとてもつらくなった。アイドルは40キロ台の小さい女性だったので、ひょいひょいと進んでいく。おじさん連中の方が大変だった。

前の方をKさんとアイドルが歩いていたのだが、ピタッと止まった。待ってくれたのかと思ったが、そういうわけではなさそうだった。２人の視線は森の中を見ている。ディレクターが前に行って様子を見る。僕も距離を詰める。

２人の視線の先。森の中の地面には、ブルーシートが敷かれていて、その上にはおばさんがドカッと座っていた。リュックは持っているものの、特に他には荷物はないようだ。年の頃は50歳といったところだろうか？

まだ樹海の奥地までは入っていないが、それでもハイキングで来るような地点ではない。

ディレクターはしばらく言葉を選んだ後に、

「大丈夫ですか？」

と聞いた。

「…………」

おばさんは、黙っている。

「大丈夫ですか？」

「…………」

「何か困ってます？」

「…………」

「本当、大丈夫ですか？」

「大丈夫!!!!」

樹海に一歩踏み入れれば、こんな風景が広がる。動いている人間に会うとすごく怖い

おばさんは急に手を振り上げて、大声で叫んだ。一同
「わっ‼」

と驚いてしまった。

本人が大丈夫と言うなら、それ以上構うこともできない。

後日、Kさんはこの地点に行ってみたらしいのだが、おばさんはすでにいなかったそうだ。

「もし自殺しようとしていたとしても、大勢の人に声かけられたら、やる気も失せますよね」

と残念そうに話していた。

※　※　※

そんなKさんもとても怖かったことがあるという。やはり相手は生きた人間だ。

「樹海に1人で入ってた時です。歩いていたら、かなり遠くで座ってる人見つけちゃっ

たんですよ。座っていて頭がフラフラと動いている」

Kさんは、

「こんにちは‼」

と声をかけたが、無視された。

Kさんと樹海を歩いていると、たまに他の散策グループとバッティングする時がある。そんな時は、Kさんは率先して「こんにちは」と声をかける。こちらは攻撃の意図はないよと伝え、相手の警戒心を解くためだという。

「ひょっとして自殺しようとしているのか？　と思って、しばらく見ていたんだけどいっこうに死なない。ずっと下を向いて頭を動かしている」

しばらく見ていたが、最終的には放っておいて移動した。

「後日、そのじいさんがいた場所に戻ってみたんですが、死体はありませんでした。僕が声かけたので、興が冷めてしまったのかもしれません。残念ですね。じいさんが座っていた場所には、ナンクロの本と、西村京太郎のサスペンス小説が置いてありました」

つまり、おじいさんは、ナンクロを解くためか、トレイン・ミステリーを読んでいたので首が揺れていたようだ。どちらも樹海のど真ん中っぽくないチョイスだ。

【第二章　樹海に呼ばれた人々】

死体写真家と行く樹海ツアー

大先輩であるカメラマンの釣崎清隆《つりさききよたか》さんから

「樹海を案内して欲しいのですが……」

と頼まれた。

釣崎さんはコロンビアやタイなど、世界各地の犯罪現場や紛争地帯で死体を撮ってきた死体写真のカメラマンとして知られている。釣崎さんが樹海で写真を撮りたいというならば、もちろんモチーフは死体だ。集大成的な写真集を出す予定で、日本人の死体の写真を撮りたいという。

僕は釣崎さんの写真のファンだったし、一も二もなくＯＫだが、少し大役すぎる気がした。

僕ひとりで樹海を案内するのは不安なので、Kさんに案内をお願いした。

二泊三日で樹海を散策することになった。

初日、僕と釣崎さんと、初日だけ散策に参加することになった芸人の松原タニシさんは、富士山の南側にある富士駅で待ち合わせることになった。僕はタニシさんと2人で、東京から電車に乗って富士駅に向かった。釣崎さんも同じ電車に乗っていた。

3人まとめて、自動車で来たKさんに拾ってもらった。静岡側の駅から青木ヶ原樹海は遠い。1時間ほど北上して、いつも通り富岳風穴の駐車場まで進む。

Kさんが

「とりあえず初日ですし、今日はあまり人が散策しないルートで進んでみましょうか？」

と言った。異論はない。

4人で進んでいく。

釣崎さんは体躯も大きいし、世界の危険地帯を飛び回っているだけあって体力もある。僕より年上だが無駄な贅肉は一切なく、背中には分厚い背筋が乗っている。

正直、見た目かなり怖い。それに無口だ。

ドキドキする。

Kさんの後を一切遅れることなく釣崎さんがついていく。追われる形になっているのか、Kさんのペースは普段より少し速い。

それに少しだけ距離を置いて松原タニシさんが歩く。その後をだいぶ遅れて僕が歩く。ぶくぶくと太ったし、室内の仕事に追われて運動不足だ。歩き始めて数分でゼイゼイと息が切れる。そのまま2時間以上休みなく歩く。

普段なら軽口を叩いたり、キノコの写真を撮ったりするのだが、その余裕はない。

(これが3日間続くのか……)

と思うとゾッとした。そろそろ休みたいと思ったところで、Kさんが声を上げる。

「一体目です。すでに見つけていた奴ですけど」

キリンさんだった。虎柄ロープで首を吊り、首がニューっと伸びている。

釣崎さんは初対面だ。カメラを取り出して撮影をはじめる。僕なんかは見つけると、一眼レフとアイフォンでとにかくパシャパシャと撮りまくる。下手な鉄砲も数打ちゃ当たるというやつだ。

一心不乱にシャッターを切る釣崎さん。すごい集中力だ

釣崎さんは丁寧に画角を決め、光を測り、完璧な一枚を撮る。

僕はやっと休憩が出来たので、水分補給をし、ご飯を食べた。Kさんも死体を見ながらご飯を食べている。さすがに僕は、死体を見ながらは食べない。

釣崎さんが写真を撮り終わるのを待って、再び進み始める。

この日はあまり人が入らない地帯を通っていたのだが、次々に死体が見つかった。ただし全て骨だ。

樹に吊るされたロープの下にバラバラと骨が転がっていたり、ほとんど埋まってしまっているもの。

頭蓋骨は丸くて軽いから転がりやすい。最初はロープの近くに落ちていても、風や重力の影響で転がっていってしまう。

釣崎さんはロープと頭蓋骨を一緒に撮りたい。だから頭蓋骨を運んでくる。ボウリングの球のように眼窩に目を突っ込んで運んでくる釣崎さんはあまりに怖すぎた。

再び歩いていると、松原タニシさんが

「ちょっといいですか？」

と言うとフラフラとひとり進路を変えた。

彼は樹海散策はそれほどの経験はない。今まで死体を発見したこともなかった。

「樹がたわんでたから、首吊りかな？　と思ったんですが違うか。……あれ？　でも、なにかある」

地面を見るとブラジャーのパッドが転がっていたという。よく見ると服が埋まっている。その中に白い石が交ざっていた。

「これ？　ひょっとして……？」

白く丸みを帯びた石が埋まっている。

頭蓋骨だった。

だがほとんど埋まっている。釣崎さんが、殺し屋がつけるような黒い手袋を装着して掘り出した。また眼窩に指を入れて引っ張る。

ボグッ

と鈍い音がした。

「ああ、割れてるなあ……」

と釣崎さんが言う。

（今、引っ張った時に割れた気がする……）

と思ったが黙っていた。

掘り出した頭蓋骨は外に出ていた部分以外はもう、濃い茶色に染まっていた。

もうほとんど土に還《かえ》りつつあった。

そうして初日は幾つも骨を見つけたが、だんだん
「また骨かよ……」

みたいな雰囲気になってきた。

マイナーなルートをたどっているので、新しい死体にバッティングする可能性は少ない。その代り、誰にも見つからなかった古い骨が見つかる。

骨だって立派な死体なのだが、

「また骨か……」

みたいな雰囲気がただよってくる。

ロープがかかっており、その下に骨が埋まっていそうな場所があった。普段なら、少し掘りたいところだが、

「もう、骨は十分でしょう」

と無視して次に進むことになった。

夕方になったので散策を終える。

総移動距離は10キロにのぼっていた。平地を10キロ歩くのでもそこそこ大変なのに、樹海の中を10キロはかなりキツい。

松原タニシさんは仕事があるため帰っていった。ネットで予約しておいた民宿村の宿に向かった。

もうヘトヘトで体中が痛くて死にそうだった。風呂に入ると、

「こんな日があと2日も続くんだ……」

と絶望的な気持ちになった。


二日目は早朝に起きて宿を出る。

起きてすぐに散策を開始できるのが良いところだが、体の疲れはまだ取れていなかった。ふしぶしが痛い。足にもマメができている。

樹海の近くにあるガストで朝食をとった後、昨日と同じく富岳風穴の駐車場に車を停

めて散策をはじめた。Kさんは、

「今日は、マイナーだけど新規もたまに見つかるルートを行きましょう」

と言った。自殺者は道路から2～300メートルほど進んだ場所で発見されることが多いのでGPSで距離を測りながら進んでいく。

Kさんと釣崎さんの歩みの速度は変わらない。2人で追いかけっこでもするようなスピードで進んでいく。ついていくだけでヒーヒーの状態である。

自殺の跡はすぐに見つかった。持参した踏み台が放置され、その上にロープがかかっている。果たして首を吊ったのか、それとも思いとどまって帰ったのかは分からない。

普通ならルポの一本も書けるネタだが、感傷に浸る間もなく、次に進んでいく。死体が見つからないと休まないのだ。

たまに僕がどうしようもなく遅れた時は、待ってくれているのだが、追いついたらすぐに出発する。僕はなかなか休めない。

そしてこの日は肝心の死体は全く見つからなかった。もちろん見つからない日のほうが多いのだから、仕方がないのだが。それでもとても空気はピリピリとしてくる。

ほとんど休まなかったので、昨日よりも長い12キロを歩いた。

木の根元に放置されていた踏み台

成果がないぶん、疲労も強く感じた。

最終日も早朝に宿を出て、樹海の入口に到着した。

「最後は散策者がよく足を運ぶ一番メジャーなルートを通りましょう」

とKさんが言った。樹海の死体マニアがよく訪れる地帯を歩く。マニアの間では団地と呼ばれている地域だ。

しかしだからと言って、死体がほいほい見つかるわけではない。すでに誰かに発見されてしまっている場合だって多い。

実際、この日もなかなか死体は見つからず、虚しく時間だけが過ぎていった。

速いペースで樹海を歩き続けて3日目、体は疲労の限界だ。むしろあまりに疲れすぎて、疲れを感じなくなっている。

そして見つからないまま、日が暮れてきた。しょっちゅう蹴躓《けつまづ》く。残り1時間くらいだろう。

ふっとKさんの足が止まった。

「臭いますよね？　……臭う、臭う」

とくんくん鼻を鳴らして周りを見る。

言われて見れば確かに、少し生臭いような臭いがする。ただし、かなり薄い。言われなかったら気づかなかったと思う。

「ここらへん一帯を重点的に探そう！」

と言った。いつになく語気が強い。

3人バラバラになって、あたりを回る。

確かに臭いはするのだが、その臭いの発生源を見つけるのは難しい。

「ありました‼　ここ‼」

と興奮したKさんの声が響いた。

Kさんが立つ倒木の場所に近づくと、濃く死臭が漂ってきた。

「心中ですね……」

Kさんは、倒木を見下ろす。

倒木の下の隙間に、二つの死体が倒れていた。首吊りは遠くから視認しやすいが、倒れて死なれていると、臭いで場所を探るしかない。Kさんはよく見つけた。執念だ。

まだ完全に白骨化はしていないが、かなり肉は削れている。腹も動物に食われているようだ。服の中はまだ肉が残っているようで大量のハエがワンワンと飛び回っている。骨が見えている腕にはめられた時計が、いまだ規則正しく動いているのが皮肉だ。

服装から判断すると、どうやら男女の死体のようだ。ただ断定はできない。性別も定かでないほど傷んだ死体なのに、苦しさだけは強く伝わってきた。人間の口はこれほど大きく開くんだとビックリするほど開かれていた。左手は胸をかきむしり、右手は口から外した入れ歯を強く握っていた。

死体の近くには、派手な色彩の缶が落ちていた。

「除草剤ですね。2人で除草剤を飲んで死んだんだ。除草剤で死ぬのは苦しいのに。ネットで調べなかったんですかね？　年寄りだからネット検索とかできなかったかな？」

Kさんがあくまで温和な表情で言う。

除草剤は自殺の中でも苦しい方法だと言われている。死ぬまで意識を失わないので、死後の顔はひどく歪む。首吊り死体の多くは、頸動脈《けいどうみゃく》が絞まって〝落ちた〟状態になってから死ぬため比較的安らかな顔をしている場合が多い。服毒の場合は苦しみながら死ぬのでひどい形相になる。

死の直前の苦しみは、骸骨になってもなお強く伝わってきた。

釣崎さんは、死体の苦しみを吸い取るように、被写体にカメラを向けている。Kさんは、さけるチーズをかじりながら、その様子をジッと眺めていた。

目的は果たせたのだが、樹海の中を3日間で30キロ歩いた疲労が強すぎて何も感じられなかった。東京に帰ってきても、しばらくは動けなかった。

しばらく、苦しみ悶える頭蓋骨が脳裏から離れなかった。

【第二章　樹海に呼ばれた人々】

有名人だって死体が見たい

「死体を見たいなんて信じられない」

と言う人がいる。

実際には見たい人はたくさんいる。

樹海を案内して欲しい、一緒に樹海に行きたいと言われて、かなりの数の人と樹海に行った。『樹海ツアー』などと銘打って探索したわけではない。「樹海ツアーやってください」と言われるが、全く知らない人と樹海に行くのは怖いし、責任が持てないので開催していない。

ジャーナリスト、ライター、編集者、AV女優、怪談師、芸能人、漫画家、造形師、カメラマン……など様々なジャンルの人が足を運んでいる。みんな死体が見たいのだ。

樹海を散策する「スリップノット」のクラウンさん

日本国内だけではない。外国の人も案内している。

フランスのジャーナリストを案内した時は手違いで、電車で行くことになった。『ウォーリーをさがせ！』のウォーリーのような見た目のフランス人と、フィリピン系の彼女。全く日本語のしゃべれない2人と、何時間も電車に乗って樹海に行くのは苦痛だった。しかも死体を目にした途端、ウォーリーのテンションはみるみる下がるし、彼女は切れるしで散々だった。だいぶ経った後に、記事が発表されているのを見つけた。

これまで一緒に樹海に行った一番の有名人は、ヘヴィメタルバンド「スリップノット」のクラウンさんだろう。

と言っても、僕は洋楽にうとく知らなかった。日本のプロモーターから連絡があり案内して欲しいと頼まれた。当日は大雨になってしまったが、クラウンさんの日程を変えるわけにはいかず、びしょびしょになりながら樹海の中を歩いた。

プロモーターは土壇場で強引にギャラを値下げしてくるし、嫌な感じの人だったが、クラウンさんはとても感じの良い人だった。「センセー」と呼ばれた。

プロモーターから

「会社から『樹海に行った後は、お祓《はら》いをしなければ会社に入れさせない』と言われている。お祓いできる神社を探して欲しい」

と言われた。個人的には霊など信じていないし、そもそも樹海で死んでる人なんか、東京で死んでる数に比べたらたかがしれている。歌舞伎町に行くたびに、大病院に行くたびにお祓いに行くのかお前は、この糞オカルト野郎が死ね！　と思ったが、おくびにも出さず、

「青木ヶ原樹海の近くで一番有名な神社は、富士山本宮浅間大社《ふじさんほんぐうせんげんたいしゃ》ですかね」

と答えた。プロモーターは「お祓いできますか?」と問い合わせたらしい。１人

5000円でお祓いすることで決まったらしい。

「青木ヶ原樹海のお祓いをするのは初めてだと言われた」

とプロモーター。それはそうだろう。そもそも富士山や青木ヶ原そのものを神として祀っているのが浅間神社だ。青木ヶ原を神としている神社が、青木ヶ原を祓ってどうする。

「村田さんもお祓いを受けてください」

と言われた。ギャラを2万円も下げられたのに、5000円のお祓いは受けさせるのか？　と思ったら、お祓いを受けていない人と、同じ車に乗るのが嫌だったそうだ。

大柄の外人が和装を羽織らされて、大麻《おおぬさ》をバッサバサ振られて

「はらいたまえ〜きよめたまえ〜」

と祓われている様子はなんだか馬鹿馬鹿しくて笑いをこらえるのが大変だった。

その日は大雨で死体は見られなかったので、別れ際死体の写真集をプレゼントした。

とても喜んでらっしゃった。

「外人もやっぱり死体が見たいんだな」

と嬉しかった。

【第二章　樹海に呼ばれた人々】

死体マニアは冷めやすい

「死体を見つけた時、みんな何を話しているんですか？」

と聞かれる。ドラマなんかだと、女の子が「キャー」と絶叫したり、げろげろと吐いたりする。死体を探しに行く人たちなので、もちろんそんなことにはならない。

万歳三唱とまではいかないが、「すごい！」「持ってるね！」みたいな話が聞こえてくる。動画を見ると、さすがに不謹慎に聞こえる。だが、それでも、その段階では死体に興味を持っている。

知り合いから5～6人で樹海に入った時の映像を見せてもらった。

この時は運よく死体が見つかっている。新しい死体だし、ちょっと珍しい体勢の死体だったので、皆のテンションは高い。死体の状態を観察しては、感想を語り合っている。

死体を発見！　しかし興奮はあまり長く続かない

　しかし、その興奮は10分も続かなかった。写真も撮り飽きるし、語ることもなくなった。死体はとにかく動かない。静物なのだ。

　首にかかったロープを外そうとしながら死んでいる死体の横で、

「新しいバイト先、決まったの？」

「ん。まだ。どうしようかなと思って……」

　と、全く関係ない日常会話をしているのを聞いた。

　あんなに見たかった死体があるのに。ものの数分で興味を失い、仕事の話をしている。それがなんとも怖くて、そして寂しかった。

【第二章　樹海に呼ばれた人々】

トークライブのお客さん

しょっちゅうトークライブを開催させてもらっている。

出版や動画配信では難しい死体の画像をスクリーンに映してお見せすることができる。満席になることもあった。

特徴的なのは、お客さんにとても女性が多いということだ。しかも綺麗な雰囲気の人が多い。ジッと食い入るように見つめている。

もちろん男性のお客さんもいるが、中には上映中に気分が悪くなる人もいる。バターンと大きい音がするのでビックリして見ると、男性客が意識を失って倒れていた。

また、彼女に連れてこられた男性だろうか？　怒って、彼女の手を引っ張って会場から出ていった人もいた。

「死体の写真が好き」

という人はほとんどが女性の人だ。

ギャラリーで写真展を開催したこともあるが、

「感動しました」

と伝えてくれたり、商品を買ってくれた人は女性のお客さんが多かった。

また、特定の死体にファンがつくこともあった。特にKさんが撮影したＨＩＤＥ君の人気は高く、Ｔシャツまで作られていた。逆に、パンチパーマのおじさんや、疲れた労働者おじさんは人気がない。

死体になっても見た目が良い人がモテる。世界はとても残酷だ。


大阪のライブハウスにてトークライブを開催した時のことだ。その日は樹海ではなく人怖《ひとこわ》をテーマにしたトークをした。

新刊が出て間もなかったこともあり、トークが終わった後には小さなサイン会を開催させてもらった。ありがたいことに列ができた。

会場の後ろの方で列には並ばず、わざと最後になろうとしている人がいるのが目に入った。とても小柄な女性。全身黒ずくめの服を着ている。マスクも黒い。

その人の順番になった。40～50歳くらいの女性だった。全身黒ずくめの陰気な服装とは逆に、とても陽気な女性だった。

僕の樹海の同人誌を差し出してきた。

昔、作った死体の写真集で、持っている人はとても少ない。サインを書いている間、おばさんはずっと僕のことを称えてくれていた。

「本当にずっと村田さんに会いたかったんですよ。今日会えて、本当に良かったです‼」

お世辞でもそう言ってもらえると嬉しい。

「私、福岡に住んでいるんですけど、昨日福岡を出発して、今日大阪で村田さんに会うことができて、そして明日樹海に行って死ぬんです‼」

「え？」

虚をつかれ、思わず顔を上げた。

その女性は僕の目を見ると、こくんこくんとうなずいた。

「そう、そういうことなんです‼　死ぬ時には、足元に村田さんのサイン本を置いておくので、良かったら探しにきて見つけて下さい‼」

いや、足元には置かないで欲しい。

「あ、ええと、4か月後に新刊を出すので、それを読んでからにしませんか？」

と提案してみた。

おばさんは首をかしげて数秒間考えた後、

「でも、もう決めちゃったことなので‼　では、ありがとうございました‼」

と言って、手を振るとスタスタスタと早足で会場から出ていった。会場の外にいた共演者が僕のところにやってきた。

「村田さんのファンのおばちゃんが嬉しそうでしたね。村田さんにサインもらったって喜んで帰っていきましたよ」

僕はしばらく返事をすることができなかった。

そのイベントからしばらく経った後に、Kさんからメールが入った。Kさんには、事の顚末を伝えていた。

「今日、官報を見ていたら、先日村田さんが言っていた女性と背格好が似た人が青木ヶ原樹海で見つかったって書いてありました」

女性、小柄で、黒尽くめ。

とても特徴的だ。

「村田さんの本が置いてあったとは書いてないですけど、ひょっとしたらそうかもしれませんね」

結局、その自殺体がトークライブのおばさんなのかどうかは分からずじまいだ。

【第二章　樹海に呼ばれた人々】

自殺志願者と樹海に行った話

ツイッター（現：X）に見知らぬ女性AさんからDMが届いていた。

「青木ヶ原樹海で自殺をしたいと考えているのですが、もしよろしければ樹海を案内してもらえませんか？」

丁寧な文面だったが、とても後味が悪かった。

ただ、話を聞きたいという気持ちもある。

知人にこんなメールが来たと言うと、

「絶対に返信しないほうがいいよ」

「警察に通報したほうがいいよ」

「もし一緒に樹海に行ったら、自殺幇助《じさつほうじょ》になっちゃうよ」

などと100％「連絡をとるな」と言われる。

そういう気持ちも分かる。

でも返信をしてしまうのが僕の性だ。

僕は『好奇心は猫を殺す』タイプの人間なのだ。

「了解しました。日程合わせて、行きましょう」

と返信した。

ただし、仕事の予定があって2か月後しか無理だった。Aさんに
「2か月後でも良いですか？」

と尋ねると、

「2か月後か……。もし生きていたらよろしくお願いします」

とトーンダウンして、不穏当な返信がきた。


2か月後、すっかり季節は夏になった。

再びAさんに

「そろそろ約束していた日ですけど、生きてますか？」

とメールする。

正直、返信がある確率は半々かな？　と思っていたが、すぐに

「まだ生きていました‼」

と明るい、返事が来た。

河口湖駅の駅舎の中で待ち合わせをした。

都内から河口湖駅に行くには高尾で乗り換え、大月から富士急行線に乗り換えて到着する。３時間近くかかる旅路だ。外国人にも人気で車内には様々な国の人がいる。

少し早めについたので、ウロウロする。駅前は観光地的な少しファンシーなお店が多い。駅内も広くお土産屋さんも充実している。

「こんにちは‼　村田さんですよね⁇」

待ち合わせに現れたのは、一般的に美人と呼ばれるタイプの女性だった。ただ、僕は彼女の容姿よりも、明るさに驚いた。初対面なのに物怖じせずハキハキと喋り、よく笑う。「自殺したい」と言う人が全員暗いとは思っていなかったが、それでもここまで明るい人だとは予想外だった。

「村田さんと樹海に行くの待ちきれなくて、自分ひとりで行っちゃったんですよ‼」

と語りだした。

やはり2か月間待つのは長すぎたらしい。

彼女はまず1人で、青木ヶ原樹海へ下見へ行った。オフシーズンの平日で他にはほとんど客はいなかったという。

女性1人で青木ヶ原樹海に行くと、自殺ストップのボランティアの人にまず止められる。彼らは〝正義〟のために行動している人だから、一度捕まってしまったらどんな言い訳をしようが付きまとってくる。

彼女いわく、ナンパを装って声をかけられたという。他の女性からも青木ヶ原樹海近くの売店の店員から、

「かわいいからウチで働かないか？　ウチで働いたら（自殺）志願者見ることができる

よ」

と声をかけられたそうだ。そして最終的に振ったら、暴言を吐かれたという。

「声をかけるハードルを下げるためだ」

と言い訳するかもしれないが、追い詰められた人に、ナンパのような声掛けをするのは問題だ。

しかも、勝手に付きまとうのも問題だ。

彼女もかなり付きまとわれたが、その日はなんとか振り切って家に帰ることができたそうだ。

そして数日後、今度は本当に自殺する覚悟で樹海へ向かった。

「思わず樹海に行く前に、お世話になってるカウンセラーの人に

『これから、樹海で自殺します』

って告白しちゃったんですよね。多分、カウンセラーが警察に通報しました。

それでどうなったのか私にもわからないんですけど、乗ってた樹海行きのバスがバス

停でもない場所で停められました」

停まったバスに、ズカズカと警察官が何人も乗り込んできた。座席に座る彼女を取り囲んだ。

「あなた、Aさんで間違いないですよね？　この場で保護します」

Aさんはそのままパトカーに乗せられ、警察署に連れて行かれたという。周りの人から見たら、凶悪な犯人が逮捕されたように見えただろう。

なぜ、Aさんがそのバスに乗っているのを警察がつかんでいたのかは、彼女にも全く分からないという。

1人でバスに乗っているAさんをバスの運転手が不審に思って通報したのか、それともカウンセラーから警察に連絡が行った時点で、警察が彼女の携帯電話の位置情報を監視していたのかもしれない。

「そのまま警察署へ連れて行かれて牢屋に入れられて……。説教されて、写真撮られて。ずっと拘束されて、体調が悪くなってしまいました。

そんなことがあったので今はさすがに樹海で自殺するのは無理かな？　って思ってます。自殺する場所はまた改めて考えるとして、今回は観光だって割り切って来ました」

と言って、Ａさんは楽しそうに笑った。

自殺をする意思はなくなっていないようだ。

そんな話をしていたら、Ｋさんの自動車が河口湖駅に到着した。

僕ひとりでも案内はできたが、せっかくだからＫさんにも声をかけていたのだ。

Ｋさんの自動車に乗り込み、河口湖駅から青木ヶ原樹海へ向かった。自動車で20分ほどかかる。Ｋさんは顔がバレている可能性もあるから、念のためにいつも入口している富岳風穴や鳴沢氷穴はやめて、乾徳道場に向かう登山道から入ることにした。

「樹海の中で死にたいと思っているＡさん」

と

「樹海で死体を探すのを趣味にしているＫさん」

と

「樹海のルポを書く僕」

の3人で樹海の中に入っていった。

Aさんは樹海の中を歩きながら、ロープを張れる枝を探している。今は樹海で死ぬ気はなくなったとは言え、やっぱり完全に諦めているわけではないらしい。

「樹海って細い枝が多いですよね……。こんな細い木では首吊ったら折れちゃいますよね？」

「いやそんなこともないですよ。意外と細い木で吊ってる人多いですよね、Kさん？」

「そうですね。足を地面につけて死ぬなら、木は細くても大丈夫だと思いますよ」

「そうかあ、足を下につけても首は吊れるんだ。ありがとうございます」

そんな会話が繰り広げられている。

平和的に喋っているが、まあまあ狂っている。AさんとKさんは、目的が一致しそうだが、微妙にズレている。

Aさんは「樹海で死んで見つかりたくない」

Kさんは「樹海散策で死体を見つけたい」

樹木に結わえ付けられたロープ

Aさんは当然「死体が見つからない方法」を聞く。

その答えは実に簡単だ。なるべく樹海の奥の方に入っていったら見つかりづらくなる。逆に遊歩道で死んだら、ほぼ絶対に見つかる。

多くの自殺者はそれほど樹海の奥に入らずに死んでいる。探索するKさんや他の人達も、基本的には〝人が死んでいそうな場所〟を中心に探す。樹海の奥に進めば進むほど、見つかりづらくなる。もちろん樹海の真ん中に行っても、見つかる可能性が0になるわけではないが、かなり確率を減らすことができるだろう。

だが樹海は高低差があり、風景も見分けがつかず、まっすぐ進むのは非常に難しい。GPSを頼りに進む人が多い。昔は、ガーミンなどのGPS専用機を使う人が多かったが、今はスマホの地図アプリで十分代用がきく。

「登山用のこのアプリを使ってますよ。あらかじめ地図をダウンロードしておけるので便利です」

Kさんは、Aさんにアドバイスしているが、なんとも複雑な心境だ。Aさんが、樹海の中心部で死んでしまったら、Kさんは死体を見つけるのが難しくなる。どうせ死ぬなら、見つけたいのに、見つけづらくなるよう

樹海の遊歩道。人通りが比較的あるため、見つかりたくなければ奥に進む必要がある

助言している。まさに〝敵に塩を送る〟状態だ。

しばしAさんに樹海で自殺する方法をレクチャーした。その後、Kさんは〝死体探索モード〟になった。

死体を探すKさんは、ゆっくり歩き、ゆっくり周りを見渡す。時に鼻でクンクンと死臭を探す。真剣な目つきだ。

Aさんは、そのKさんの後をついて歩く。

戸惑ったような目でKさんを見る。

「樹海で死体をこんなに探してる人がいるなんて……。私が死んだらKさんに血眼になって探されるってことですよね？　うわあ、見つかりたくないなあ。死体見つかるか、見つからないか、勝負になるわけですね。勝てる気しないなあ……」

「いやあ、もし僕が見つけても、通報しないので実質見つかっていないようなものですよ」

Kさんは笑いながら言う。

Aさんの顔に嫌悪の表情が浮かぶ。

Kさんはかつて見つけた、死体の場所に行った。フューチャー君（141ページ）と呼ばれている死体だ。かなり早い段階で見つけたが、今は骨になっている。

Kさんとしては、

「せっかくだから死体見たいでしょ？」

というサービスなのだが、Aさんは「死体を見たくないです」と言う。

Kさんと僕が骨になったフューチャー君などの死体を鑑賞している間はしばらく離れた場所にいた。遠くから僕たちを見ると、随分な奇人に見えたらしい。

「死体を見たいと思う人の気持は全くわからないです……。なんかKさんと村田さん見てたらこんな変な人達でも生きてるんだから、生きててもいいかもって少し思えてきました。まあまたすぐ死にたくなると思いますけど」

こちらからすると、SNSで自殺の相談をする人は変な人だと思っていたが、それはお互い様らしい。

Aさんはいつの間にか自殺する気がやや失せたみたいだ。確かに振り返ってみると、僕もKさんも一度も自殺を止めていない。

Kさんはもちろん止めないし、僕も常々

「死なないでください‼」

とか言うの、気持ち悪いなあと思ってるので言わなかった。

「どこの誰に相談しても、

『死なないで‼』

って泣きながら言われたりして、げんなりしてました。ああいうのって、言ってる人が気持ちよくなりたいだけですから。

村田さんは、そういうの言わなそうだなと思って声をかけたんですけど、本当に言わなくて良かったです。Kさんもありがとうございました」

Kさんはすごく残念そうな顔で、

「いやあ、そんなこと言わずに死にましょうよ。勝負しましょう。見つけたら僕の勝ち、見つからなかったらあなたの勝ち。どうですか？」

Aさんの顔は再び嫌悪の表情になった。

結局、その日は新規の遺体は見つからなかった。最後に、せっかくなので例の『命は親から頂いた大切なもの　もう一度静かに両親や兄弟、子供のことを考えてみましょう。一人で悩まずまず相談して下さい』看板のところへ行った。

Ａさんはこの看板を見て、自殺するのを止める気になりますか？　と聞いた。

「私の家、すごく変な家だから、家族のことを思い出しても死ぬのを止める気にはならないかも。むしろ死にたくなるかもしれない」

と笑顔で言う。せっかくなので、どんな家だったのかを聞いてみた。

「岡山の築１００年以上の古い家に、両親と祖父母、私と弟の６人で暮らす家族でした。父親は激しいＤＶ気質でした。気に食わないことがあると母親に怒鳴り散らすんですよ。で、その後パニックになって大泣きしてしまう。私は暴力は受けなかったですけど、よく柱にロープでくくりつけられました」

それは十分、暴力だろう。

「柱にくくりつけられて、目の前に食べ物を置かれるんですよ。食べたかったら、素直に言うことを聞けって。まるで動物みたいですよね」

Ａさんは、でも本当にヤバいのは父親ではなく母親だと言う。

「父親はＤＶだし、出会い系で女の子も買っていました。母親はとても生まれが悪い人で、小さい頃は放置されていたそうです。雑草や動物を捕まえて焼いて食べていたって聞きました。だから、父親には逆らえない。家を追い出されたら、そんな生活に戻ってしまうからと我慢するんです」

だが、我慢も耐えきれなくなる。

母親は子どもたちに一緒に死のうと言って包丁を突きつけた。最初は怖かったがそのうち慣れてしまった。

父親が夜勤で在宅していないある日の夜中、母親はまだ小学校低学年の子どもたちを車に乗せて出かけた。到着したのは海だった。

「母親は『一緒に死んで』って言って、私と弟を抱えて海に入っていったんです。真っ暗な夜の海へ。怖いですから、暴れました」

「嫌だ！　嫌だ！」

と叫んだが母はやめようとしなかった。まず弟を殺そうと思ったのか頭を沈め始めたので、必死に助けた。そうしていたら次は彼女が頭を掴まれて沈められた、ガバガバと水を飲んでもがいていると次は弟が

「お姉ちゃんを殺さないで‼」

と言いながら助けてくれた。

「そのうち母親が疲れちゃったみたいです。3人ともビショビショのまま自動車にのって家に帰りました。終始無言でした。父親には報告しなかったですね。溺愛と虐待の繰り返しでした。ロシアンルーレットみたいな日々でした」

彼女も不登校になったりと苦労はしたが、なんとか社会人になった。

弟は、幼少期こそ明るく楽しい子供だったが、小学4年の時に腎臓を患いそこから長期の入院をした後は、完全に不登校、引きこもりになってしまった。中学も高校も行かなかった。

「虐待されてた復讐なんでしょうか、ひどい家庭内暴力で、家のあらゆる物が壊されました。ガラスは割れ、壁も穴だらけでした」

そして買い物依存症になった。18歳で運転免許証を取った後は、高いバイクを買った。両親は虐待をしてきた罪滅ぼしのつもりなのか、お金を出してしまった。

「結局、両親は弟に数千万円のお金を出しているはずです。さすがに面倒見きれなくなった時、弟は彼女を作って家を出ていきました」

弟は19歳で、付き合ってる女の人は40歳くらいだった。正直、両親はホッとしていたが、まもなく弟の彼女から、金を払えと連絡が入った。

「弟を自立させているんだから金を出せと。無視していると、ある日、母親の元に、ビデオが届きました。母親は再生して、意識を失うほどショックを受けていました。よく分からないんですがSMという趣味でしょうか？　弟が縛られて、拷問を受けている動画でした。トドみたいに太った彼女が、縛られてパンパンにうっ血した弟の陰部を殴り続けているような動画だったらしいです」

母親にはたびたび、弟が拷問される動画が送られてきた。ただ、弟は一方的に被虐されるわけではなく、相互にお互いを加虐する関係だった。プレイ中に逆上した弟が彼女の首をしめて、気絶させてしまった。彼女はなかなか意識を戻さず、

「彼女を殺してしまった」

と思った弟は、切腹自殺を図った。

その後、救急車が来て、2人とも助かったが、警察に世話になった。

「弟は小さい頃、一緒に母親から生き延びた仲ですから、愛着はありますけど。もう多分、死ぬまで治らないと思います。多分……死んだほうがいいんでしょうね。

私が家を出た後は、ほとんど連絡はこなくなりました。でも最近、一通だけメールが送られてきました。添付された写真には、真っ赤な肉片が映っていて、

『これなんなの？』

って聞いたら、

『俺の肉片』

とだけ返信がありました。

静かに両親や兄弟のことを思い出すと、私を柱に縛り付けた父親や海に沈めた母親、そして肉片の写真を送ってきた弟を思い出すから、ますます死にたくなりますね」

Aさんは会った時と同じような笑顔で言った。

結局、３人で談笑しながら、山梨名物のほうとうを食べて、帰路についた。

後日Aさんからは、

「警察にチクったカウンセラーを殺したいんですけど、どうしたらいいと思いますか？」とメールが来たが、それにはさすがに返信しなかった。

【第二章　樹海に呼ばれた人々】

黒いボランティア

Ｋさんと知り合ってからは、Ｋさんと樹海に行くことが増えた。

毎年正月あたりに〝初樹海〟と称して２人で樹海を散策している。もちろん寒いが、夏よりははるかに散策しやすい。

Ｋさんは１人でもどんどん樹海に行くので、年間かなりの時間、樹海に潜っている。

僕が会ったときは普通のＳＵＶに乗っていたが、かつてはポルシェに乗っていたそうだ。中古車だったらしいが、それでもなかなかの値段がするだろう。会社の後輩たちには車好きの先輩と思われていたらしい。

「いやあ、自動車にはたいして興味ないですよ。ポルシェだと周りの車が譲ってくれるんですよ。怖いと思うんですかね？　だから結果的に早く樹海につけるんですよ」

こんなに愛情なく高級車に乗ってる人、初めて見た。

Kさんはとにかく親切だし優しいが、死体を見つけることに関しては徹底している。色々な人と行くのはむしろ

「死体を探す目が増えていいですね」

と語る。意外と同行者がすっと見つけることもあるらしい。

ここ数年はスマートフォンの登山用の地図アプリを使って、森を探索している。死体が多くあるのは遊歩道からさほど離れていない場所。毎回、微妙に距離を変えて歩く。樹海の中では20メートルも離れると死体があっても気づけないからだ。Kさんのかつて歩いた道のりを示す地図を見せてもらうと、まるで血管のようになっていた。遊歩道という太い血管を中心にかなり細かく樹海の中を細かく探索しているのが分かった。そして死体が見つかった場所は、マーキングしてある。

Kさんは死体を見つけても通報しない。

「せっかく見つけたのに、通報するなんてもったいないじゃないですか。死んだ人だって通報して欲しくなかったと思いますよ。僕はせっかく見つけた死体は育ててますよ」

死体が腐って行く様を見届けることを、Kさんは『死体を育てる』という。多くは途

中で通報されてしまうが、骨になるまで見届けられることもある。

「気分は死体農場ですね。死体がどのように腐っていくか研究する機関ってあるんですよ。主にアメリカの大学を中心に。主に犯罪捜査に役立てるための研究ですけど」

研究機関以外で、人間の死体の腐っていく様子を収めている人は大変珍しいと思う。

Kさんは死体には性的な興奮を覚えるわけではないらしい。ただ、食欲は刺激されるらしく死体を見ながら飯を食べる。その様子は、多くの人に嫌悪感を与えるらしく、死体を見たいと言ってきた人でも「うっ」という顔をしている。

死体を見ながら嬉しそうに、

「うわ、くせー！」

などと言っていることもある。にこやかな顔でマジマジと見つめている。

Kさんは今では性能の高いカメラで写真や動画をおさめているが、かつてはほとんど写真を撮っていなかった。その場で楽しむためだけに行っていた。

写真に撮って、雑誌に記事を書いて、金を稼ごうなんて思っている僕とは心がけが違う。

「最近は、昆虫の本や論文を読んで詳しくなってますね。死体に湧いている昆虫を見ただけで、大体どれくらい前に死んだのか、とか分かるようになりました。最近、『自分って昆虫が好きなんだな』って思うようになりました」

　ふふっと笑った。

　そんなKさんの一番の敵は（そして僕の敵は）、ボランティア活動で自殺阻止をしている人や、近隣の施設で声かけなどをしている〝偽善者〟どもだ。

　普通に、声かけをするだけならともかく、ナンパを装って声をかえる人もいる。樹海で自殺をしようとした女性は、

「綺麗なので思わず声をかけました。何をされているんですか？」

と声をかけられたという。そのまま付きまとわれ、

「自殺をするつもりじゃないでしょうね？」

としつこく言われたという。

　別に止めるだけなら、ナンパを装う必要はない。「ワンチャン、セックスできたら良いな」と下心があると思われても仕方がない。

　かつてはそうやって様々な人に声をかけていたが、コロナが流行ってからはそうもいかなくなった。富岳風穴の見えるところに軽自動車を停めて、そこから延々と監視して

いる。

「朝一から、バスがなくなるまで延々と監視をしているんですよ。自分を正義だと思っているのかな？　ちょっと異常ですよね」

と、よく異常だと言われるKさんが言う。僕もKさんの意見に賛成だ。

やたらとつきまとったり、横暴な態度を取る権利はない。本来、断る権利はないのに、撮影を無理やりやめさせる現場も見た。

「青木ヶ原樹海の自然を守るために」

とよく言うが、樹海の近くにあるゴルフ場は、彼らがよりどころにしている施設と同根の会社が運営している。

そもそも樹海の観光施設だって、樹海を切り開いて作っているのだ。自然を破壊しているのはどう考えたってあんたらだけだろう、と思う。

「樹海のある方面で、夜樹海で自殺するのを防ぐために犬を放し飼いにしているところがあるんですよ。それって普通に危ないですよね。犬をけしかけて追い払うなんて、自殺志願者はもう、害獣扱いですよ」

Kさんが珍しく眉をひそめた。

また「自殺を考えた人はまず連絡して」という電話ダイヤルがあるが、そこに電話したという人に話を聞くと、

「すごい時間待たされたが、結局つながらなかった」

「占い師や宗教など、スピリチュアルな人たちを紹介された」

「バカ！　キ○ガイ！　もう救いようがない！　など暴言を吐かれた」

などの意見を聞いた。

そんなことを言われたら、ますます死にたくなってしまうだろう。

ただただ死体を見たいだけのKさんより、どこか方向性を間違えてしまった正義感たちの方がずっと怖いと僕は思う。


ちなみに、かくいうKさんだが、自殺をしようとしている人を助けたことがある。

「みんなで散策してた時なんですが、歩いていると台に乗って、樹から吊るしたロープの輪に首を入れて、立っている男がいました」

急に声をかけると慌てて首を吊ってしまうかもしれないから、女性のメンバーが110番に電話をかけた。色々説明を求められたが、

「人がひとり死にそうなんです‼　とにかくすぐに来てください‼」

と感情的に訴えた。

「死んでる時ってなかなか人来ないじゃないですか。下手したら『今日はもう遅いので行きません』とか言って来ない時もある。でも相手が生きている人間だと違いますね。かなりの早い時間で来ました」

警察だけではなく、消防署の職員、レスキューなど大所帯でやってきた。

「死のうとしていたのは大学生だったみたいです。ロープを用意して、薬を飲んで、いざ首を吊ろうとしたんだけど、なかなか勇気がわかずに何時間も立ち続けていたらしいです」

保護された時には体力の限界でくずおれた。そのまま担架に乗せられて運ばれて行ったという。

実はこうした経験は一度ではなく、数度あったらしい。

「不本意ながら、人を助けることになりましたね。本当に成り行きと言うか……。不本意ながらです」

とKさんは苦々しい顔で話した。

第三章　樹海の死体が語るもの

【第三章　樹海の死体が語るもの】

不可解な死体

ある日、ファミリーレストランで食事をしているとKさんからＬＩＮＥで写真が何枚か送られてきた。食事の手を止めて携帯を見ると、死体の写真だった。慣れっこなので、食事の手を止めずに見る。

Kさんはどんな死体を見つけても平気なのだが、今回は珍しく少し焦っているようだった。

「探し始めてすぐに見つけたんだけど、ちょっと怖いからすぐに現場を離れました」

Kさんは死体を見つけたあとはしばらくその場に滞在して飯を食ったりする人なので、珍しいこともあるものだと思った。

あらためて送られてきた写真を見てみる。その死体は、たしかに一目で分かるほど異様だった。

死んでいるのはまだ若い男だ。

木に首を吊っている。

20代……ひょっとしたら10代かもしれない。

すでに表情を失っているが、黒髪の短髪でやんちゃそうな顔つきをしている。

つまりまだ表情が分かるほど。死体はほとんど腐っていない。

倒れた樹と首をタオルで結び、ブラリとぶら下がっている。足は地面から浮いている。

まず一番に目につく異様な点は、男性の上半身が裸である点だ。

死んだのは真冬なのに裸。そもそも夏場だって樹海に裸で行く人はいないだろうが、真冬に裸になる人はいないだろう。

そして彼のまわりに服はどこにも見当たらなかった。下半身はジーンズをはいているが、靴は片方が脱げて下に落ちており、もう片方は見当たらなかった。首を吊るのに、わざわざ靴を脱いだのか？

身体にはいくつもの赤い痣ができていた。拷問をした痕のようにも見えるし、縄で縛った痕のようにも見える。手は赤黒く変色していたが、これはうっ血したためのようだった。

そして、足が空中に浮いているのもおかしかった。踏み台があるなら分かるが、踏み台はどこにもない。写真を拡大してみてわかったのだが、首を括っているタオルの上には、自転車の荷台を縛るロープが巻かれていた。自分で自分の首をタオルで巻いたとして、その上からさらにロープを巻くのはとても難しいだろう。そもそもタオルが喉にかかっていない。窒息もしていないし、頸動脈も絞まっていないのだ。

長々と書いてきたが、彼は殺されているように見える。

つまり他殺死体だ。

『やらかしてしまった若者を拉致。縛って樹海に連れてきて絞殺。自殺に見せかけるため、樹に無理やり縛りつけ、そのまま放置して帰った』

こう仮説したら、死体の不自然な点は一つもなくなる。

「これ……って殺されてる？　しかも結構雑に殺している感じ？」

僕はファミレスで独り言を言った。

Kさんは1人で樹海を散策していて、旧遊歩道沿いで遺体を見つけた。だがその遺体がどう見ても殺されていたので、

「ひょっとしたら殺害した人がすぐ近くにいるかもしれない」

と思い現場を離れたのだ。

後ほどKさんから再びLINEが来る。

「落ち着いて写真を見てみたら、死にたてというわけではなかったようです。過去に出会った死体と比較してみると、おそらく死後1か月くらい経っていると思います。夏場だったら2か月で骨になってしまうところですが、冬場だと遺体はあまり変化しません。地面から足が浮いていたのも昆虫に食べられなかった一因かもしれません」

と淡々と解説してくれた。

数週間後、Kさんと樹海に入った。

その遺体があった場所は、富岳風穴と精進湖《しょうじこ》の中間点だった。観光ルートではないし、自殺する場所としてもあまり選ばれないエリア。つまり今回の死体は、樹海の中ではマイナーなルートで発見されたのだ。

ほっておいたら見つからない場所ではあるが、ただ今回の死体は道のすぐ近くにあった。

「旧登山道か旧生活道路ですね。目立つ道路じゃないけど、辿って歩く人がいたら嫌でも見つけてしまいますね。僕が見つけた直後にどかっと雪が降って、遊歩道に入りづらい状態になっていました。それにもし警察が見つけていたら、さすがに他殺として処理されていると思うんですよね。そうしたら多分、報道されるはず。まだ報道されていないということは見つかっていない可能性が高いです」

Kさんと僕は、まだ少し雪が残る道を歩いて死体があった場所に進んだ。

「この先です、あ……残念、なくなってますね。あそこにあったんですけどね……」

Kさんは指をさす。死体があったという場所は本当に旧道からすぐの場所にあった。少し高台にある。もし歩いてきたら、絶対に目に入るだろう

おそらく誰かが見つけて通報したのだろう。

Kさんはとても残念そうな顔をしている。

「まあ分かりやすい場所でしたからね。そのうち誰かに見つかるとは思ってました。生きた状態で連れてきたのか、死んだ状態で連れてきたのかは分からないですけど、どの

みち樹海の奥の方までは連れていけなかったんでしょうね」

樹海は1人でも歩くのが大変な場所だ。

嫌がる人を連れて歩くのも、死体を背負って歩くのもしんどい。だから道沿いに歩いてきて、森に入ったすぐの場所で吊るした……。

だから雪がなくなって、死体は発見され、警察に通報された。

ただ、そうなると一つ疑問が残る。

警察があの死体を見つけたとして、なぜ事件化していないのだろうか？

「たぶん警察は〝自殺〟として処理したんでしょうね。殺人となったら報道せざるをえないですし、かつ自分たちで捜査しなければならなくなる。県内の殺人の件数が増えて、青木ヶ原樹海の評判も落ちますし。今後さらに自殺スポットとして注目されてしまうかもしれない。メリットは一つもないんですね。

だったら、自殺として穏便に処理しておこうってことでしょうね。一応は首吊りの形になってるわけだし……」

Kさんから写真が送られてきた時、

「なんて杜撰な処理だろう。これでは逮捕してくださいと言わんばかりだ」

と思ったが、結局それで犯人は逃げ切ってしまった可能性が高いのだろう。犯人は現在も日本のどこかで、普通に暮らしている。

そうやって葬り去られた殺人事件は、世の中には山ほどあるはずだ。

そう思うと背筋が寒くなった。

後日談だがこの数か月後、神戸での飲み会で科学捜査研究所に勤めていたという男性と会った。ドラマ『科捜研の女』の科学捜査研究所である。

それで、樹海の死体の話になって、色々見てもらった。

「この人、殺されてるっぽいんですけど、どう思います？」

と言って、今回の写真を見せた。

「殺されてると思っても、実は自殺だってケースは多いですよ」

と彼は言う。今回のケースも、木の上に乗って自分で首を樹と結びつけた後に、下に落ちれば可能だと言う。だが、写真を見て顔色が変わった。

「これは他殺かもしれないですね」

彼は意外な場所を指し示した。

首を吊っている男性のズボンの股間のあたりだ。まさに男性器の上。

「ジーンズの真ん中のラインが男性器がある位置からズレているんです。これって自分でズボンをはいたらこうはならないんですよ」

たしかにズボンをはいて、真ん中の線がズレることはない。たとえズレていても、数歩歩けば真ん中にくるだろう。

「つまり、これは死後誰かが無理やりはかせてる可能性が高いですね」

専門家は見るところが違った……けれど、やっぱり殺害されている確率が高いのは間違いなかったのである。

自殺した人殺し

【第三章　樹海の死体が語るもの】

「最近若い男の死体を見つけたんですよ。20代半ばくらいの。まだ新しくて顔立ちがはっきり残ってました」

Kさんが語る。

まだ涼しい時期で、腐敗の進みも遅かったようだ。写真を見せてもらったが、顔にはハエがたかっているものの、まだ人間らしさが残っていた。生きていた頃はイケメンだったんじゃないか？　と推測できた。

「僕は死体にしか興味がないんで調べないんですが、同行者がインターネットで身元を調べたんですよ」

彼が持っていたのはパスポート、日本人ではなかった。なんとわざわざよその国（アジア）から日本にやってきて、自殺したようだった。

「調べを進めると、なんとインターポールから指名手配されていました」

インターポール（国際刑事警察機構）とは各国の警察が犯罪捜査や犯人逮捕をする機関だ。

フィクションではすごい大掛かりな組織として描かれることがあるが、警察同士の連絡機関のような組織だ。ただ、もちろんインターポールに指名手配されるとはただごとではない。

「さらに調べたらですね。親の癌《がん》の治療費をギャンブルで使い尽くしてしまい、金を手に入れるために強盗殺人をして指名手配されている犯人でした。殺した相手も、世話になっている人のようでした」

どう見ても殺された死体を自殺体に偽装した死体を見つけたことがあったが、今回は逆に殺人者の死体ということだ。

ギャンブル依存症になってしまい、借金地獄へ。世話になった人を殺してまで手に入れた金を持って日本に逃亡してきた。しかし、そもそも金がないから強盗したわけで、すぐにお金はつきた。インターネットを見て、自分がインターポールに指名手配されていることも気がついた。

「詰んだ」

と思っただろう。

今や、日本のAOKIGAHARAは世界的に有名だ。そこで死のうと思ったのだろう。

だがKさんは、死体の過去は本当に興味がないという。人がいかに腐って、虫にたかられていくか。まさに〝ザ・ボディ〟にしか興味がないのだ。

そんな、Kさんにゾッとする。

【第三章　樹海の死体が語るもの】

他人のロープで死ぬ男

きっかけは、Kさんがコロナ禍の中で見つけた死体だった。

コロナ禍では「家にいること」が推奨されたが、もちろんひとり樹海にいても誰にも感染させないし、感染させられることもない。Kさん的には樹海には来やすかったが、ただ結果論で言うとコロナ禍はやや自殺者数は減っていた。

Kさんが見つけたときには、まだかなり肉が残っていて、強い死臭が漂っていたそうだ。オーソドックスな首吊り死体だった。

樹の根元で首を吊っていて、足は地面に着いている。ひざまずく途中のようなポーズになっている。

足元には大量のマスクが落ちていた。世の中的に、マスクが手に入らなくなっていた時期だ。樹海で死ぬのにわざわざマスクを持ってきたのが、なんとなく不憫に感じる。

そしてそれ以外にも持ち物を持ってきていた。抱き枕のカバーだ。等身大のエロい絵が描いてある。普段は枕に装着して使うのだろうが、せめてカバーだけは持ってきたのだろうか？　2枚持ってきていた。後から、ネットで検索すると1枚2万円近くする物だった。

「アイドルの写真集とか、グッズとか持ってきている人もいますね。カバンの中に入れたまま死ぬんでしょうけど、見つけた人が外に出すみたいです。僕は興味がないので、持ち物には触らないですけど」

とKさんは語る。最後の慰みに枕カバーを選ぶとは、オタクっぽい人なのかもしれない。服装もいかにもなチェックのシャツを着ている。Kさんはこの死体を、

「オタクくん」

と呼んだ。

僕がその死体を見たときにはすでにだいぶ腐敗が進んでいた。ギリギリ形を保っているが、頭部はほぼ骸骨になっていた。頭頂部には皮が残っていて帽子でもかぶっているようになっていた。頭部と体をつないでいるのは、首の皮一枚になっていた。ここまで

来ると、元々どのような人だったのか、もう分からない。さらに腐敗は進んでいき、全身が下に落ちた。頭蓋骨は転がり、体の骨もグシャリと固まって落ちた。時間が経って、あまり臭いもしなくなった。

この死体は通報されることはなかったので、ずっと樹海にあった。

Kさんと散策する時には、立ち寄ることも多かった。

Kさんから LINE が届いた。

「ちょっとかなり珍しい……ぎょっとするような死体を見つけました」

Kさんがビックリするような遺体？　想像ができなかった。数日後、その遺体を見るために樹海に向かった。

進んでいくにつれて、既視感を抱く。もちろん青木ヶ原樹海は木々が生い茂っているから、どこでも大体同じような風景だ。

しかし、場所によって木の種類が違ったり、少しだけ違いがある。とにかく、前に来たことがあるなと思って、Kさんに聞いてみる。

「そうですね。あのオタクの人が死んでた方向です」

と言った。

「ああ、あの人か……」

と思う。

全身骨になってもうずいぶんと時間が経つ。骨になってしまうと変化はほぼなくなる。散らばった骨の上に、ぶらんとロープが垂れ下がっている。

そして、その場所に到着した。

「マ……マジですか?」

思わず、声が出た。

彼が亡くなった後もブランと垂れ下がっていたロープ。そのロープには、別の死体が、ぶら下がっていた。

他人がオタクくんのロープを使って首を吊っているのだ。なんとも言えぬ、不快感がこみ上げてきた。

まだ自殺して1か月くらいだったが、暖かいシーズンだったため、かなり腐敗が進んでいた。頭はほぼ骨になり、体と首は皮でつながっているだけだった。体には肉が残っているが、かなり腰を落とした感じになっている。

木の幹にきつく結わえ付けられたロープ。結んだ者の決意の固さを感じる

そして足は、オタクくんの骨を踏んでいた。

「見つけた時は、首の部分に大量のウジがいてよかったんですけどね。残念ながらいなくなってしまいました」

実に残念そうに語る。

近寄ってさらに驚く。前の自殺をした人の荷物、カバン、抱きまくらなどが焼き払われていた。もちろん、二番目の男が来る前に焼かれていた可能性はあるが、二番目の男が焼いたのではないだろうか。

「たぶん二番目の男の持ち物だと思われるロープが落ちてたんですよ。かなり細いロープでした」

首を吊るロープは人それぞれだ。工事現場で使う虎柄のロープの人、荷造り用の青いロープの人、太い綿のロープの人。輪の作り方も人それぞれで、わざわざロープワークの本を持ってきている人もいたし、いかにもその場で試行錯誤して作ったと思える物もあった。

「これは僕の推測ですけど。死のうと思っていたら、すでに死んでいるオタクくんを見つけた。自分が持ってきたロープは貧弱な細いロープだったけど、オタクくんのロープは太いしっかりとしたロープだった。さらに、このロープは〝すでに1人首吊り自殺を成功している〟という実績のあるロープだった」

実績って……。そんな長い間野ざらしにされていたロープ、腐っているかもしれない。いやその前に、人が死んだロープは触るのも厭だ。想像しただけで鳥肌が立つ。

「『だったらこのロープで首を吊ろう』って思ったんだと思いますよ。一応理にはかなってますよね？　それに実はもう1体似たような死体を見つけたんですよ」

耳を疑った。

そんな特殊な死体がさらに見つかったとは。

Kさんと2人で再び森の中を歩いていく。

二体目の死体があった。

その死体もかなり傷んでいた。顔の皮と髪の毛は残っているものの、目や鼻はすでになく暗い穴になっている。首の皮も伸び始めている。下半身は上半身から外れて下に落ちてしまっている。もちろん中身も下に落ちたはずだが、すでにハエなどに分解されてしまっている。上半身だけは、生前のままの形を保っていた。厚手のジャンパーを着ていたため、形が崩れなかったのだろう。

少し珍しいのが、両手をジャンパーのポケットに入れていることだった。いかにも、気軽に首を吊ったように見える。

「この死体が、特殊なんですか？」

「このロープ、見覚えないですか？」

ロープに注目してみる。かなり長い綿のロープだった。非常に長いので地面につき向こうの方まで伸びている。その時、記憶が蘇った。

「あ……。これ、前は誰も首を吊っていなかったロープですか？」

Kさんはコクンとうなずいた。

樹海の中には使われていないロープがちょくちょくぶら下がっている。おそらく、自殺する気でセッティングまで済ませたが、死ぬ気が失せて帰ってしまったのだろう。

ひょっとしたら、いたずらのために設置したロープもあるかもしれない。後から来た人を驚かせるために人形を置いていったりする趣味の悪い人がいるのだ。

「前からあった未使用のロープで首を吊ってるんですよ。しかも彼、荷物なんにも持ってないんですよ。ひょっとしたらロープも持ってきてなかったのかも。

『樹海に行ったら死ねるだろう』

くらいの気持ちで樹海に来たら、上手い具合にロープがかかってたから、それで首吊ってみた……みたいな感じですかね？　なんだか全然気負ってなくて、上着のポケットに手を突っ込んだまま、サクッと死んでます」

手ぶらで来て、適当にぶら下がったロープで自殺した人。

そんなコンビニエンスストアに寄るような感じで、死ねるものなのだろうか？

強い忌避感を覚えた。

Kさんはしばらく死体を鑑賞している。

外れた下半身を下から覗いている。

まるで小学生がスカートの中を覗いているように見える。

そして立ち上がったKさんは明るい顔で、

「そうか。ということは、森の中のあちこちにロープをぶら下げておけば、そのロープを使って死ぬ人が出るかもしれませんね。いくつか仕掛けておこうかなあ？」

ニコニコ笑いながら語るKさんが一番怖かった。

【第三章　樹海の死体が語るもの】

死体にあだ名をつけた話

定期的に樹海を散策するようになって、もう10年以上になる。年に何体かは新しい死体も目にした。

Kさんいわく

「死に様は生き様ですよ。同じ死に方をしてる人は絶対にいない。素晴らしいですよ」

確かに、同じ首吊り自殺でも、方法も違えば、腐り方も、臭いも違う。

良く言われることに

「自殺死体は首が伸びる」

「自殺死体は目玉が飛び出る」

「自殺死体は舌が伸びる」

という伝説があるが、実際には正しくない。

体がしっかりとしている間は首はほとんど伸びない。目玉も飛び出ない。舌は伸びないが、舌がふくらんで口からはみ出ているのをたまに見る。

死んで時間が経っていない死体はそんな感じだ。むしろ、生きているのとほとんど変わらないから怖い。

時間が経ち、体が腐り、ウジやアリに食われてくると、目玉が腐ってこぼれ出てくる場合がある。だがその段階ではもう腐敗して真っ黒になっているので、〝目玉おやじ〟のようなしっかりした目ではない。どれだけ腐っても舌は出てこないが、脳やら何やらが溶けたものが全部口から出ておぞましい状態になったものもある。

つまり時間によって刻々と変化していく。

見つけた死体は分かりやすく判別するために、あだ名で呼ばれることが多い。

まずは僕が見た、印象に残った死体を紹介したい。

●キリンさん

僕が初めて見たときにはすでに死んでしばらく経っていた。虎柄のロープで首を吊っているが、細い枝に結ばれていた。樹海は枝ぶりの良い樹が少ないが、それでももうちょっとマシな枝はあったと思う。ただ、体が腐ってもまだ枝もロープも健在なのだから、選択は間違っていなかった。

頭はほとんど骨と皮の骸骨のように見えるのに、少しだけ表情が読み取れる。

なぜキリンと呼ばれているかというと、首が伸びているからだ。と言っても、正確には首の皮が伸びている。首の皮一枚が切れずに頭と体をつないでいる。冬に死ぬと、皮がなめされたようになって腐りづらくなるが、おそらくこの死体もそうだったはずだ。

Kさんが、指先で首の皮を弾くと、コンッコンッと音がした。プラスチックのように固くなっている。痛みを減らすためだろうか、首の周りには赤っぽい色のタオルを巻いており、首の皮を隠しているから、遠目にはろくろ首のように首が伸びて見える。

体は女座りをしているような、なよなよとした姿勢だ。ズボンは脱げ、太ももの間には内臓だったであろう物が真っ黒になって固まっていた。

ひょっとしたら、こういう死体が、人の流言飛語《りゅうげんひご》を経て妖怪と呼ばれるようになるのかもしれないと思った。

●クトゥルフさん

木の根元でひっそりと座りながら首を吊っていた男性の死体。黒い帽子、パーカー、ジーンズ、スニーカーと若者らしい服を着ている

Kさんが見つけ、Kさんが育てた死体だ。

まだ表情が分かるほど新しい状態で見つけ、徐々に腐っていく様を愛でた。野生動物に足をかじられ、骨が丸出しになった。

僕が見たときには、顔は黒く変色し口からダバダバと液体状になった脳みそやら何やらが溢れ出していた。

口元がぐちゃぐちゃっとなっている様子が、ラヴクラフトの小説『クトゥルフの呼び声』のクトゥルフの姿形に似ていたのでクトゥルフくんと呼んでいた。

樹海に来た色々な人が見に行った死体。

元火葬場職員の人に、

「ほら喉仏は、本当にお釈迦様が蓮華座《れんげざ》組んでるみたいでしょ？」

と解説してもらったのが印象深い。

まだ通報されてないため、たまに見ることがあるが、骨になっていると変化はあまり

なくなる。

●ゴーストライダー

かなり体の大きい男性の死体だった。医療用の杖が傍らに置いてあったので、病気で悩んでいたのかもしれない。年齢はそれなりに高いようだったが、よく分からなかった。なぜなら、頭頂部が全部骨になっていたからだ。顔は骨になったが、体はしっかりと肉がついている状態というのは珍しかった。マーベル・コミックの『ゴーストライダー』を彷彿させたので、ゴーストライダーと呼んでいた。外国人に見せたところ、

「フェイクじゃないか?」

と言われた。

立っているように見えるが、実際には岩に体を横たえるようにして死んでいる。体重があまり首にかからなかったのだろう。

『失踪日記』(吾妻ひでお、イーストプレス)の1話目で、坂を利用して自殺を図るシーンがある。寝てしまい失敗していたが、成功していたら同じように顔だけ骸骨になっていたかもしれない。

歯は全部そろっていて、しかもかなり綺麗な状態だった。樹海散策に女性が来ることがあるが、死体の歯が綺麗だと、

「せっかく歯が綺麗なのに……」

「せっかく歯列矯正ここまでやったのに……」

と妙なところで憐憫《れんびん》の情を示すのが興味深かった。

背中側の首の根元に大量の蛆虫が湧いていた。大小の蛆虫が猛烈な勢いで動いている。あっと言う間に体も骨になっていく。

通報することに快楽を覚えるタイプの散策者が通報したので警察に回収されてしまった。もちろん蛆虫も回収された。

蛆虫だらけの死体を運ぶことになった警察官もかわいそうだし、ハエになることが叶わず死んでいった蛆虫たちも不憫《ふびん》である。

●フューチャー君

樹海の遊歩道近くの大きな木で死んでいた死体。若い男性。Kさんが見つけた時は、まだ生きていた時の面影を残していた。少し外国人のような雰囲気があった。

僕が最初に見かけた時は、見た目が最もグロテスクな時期だった。顔は真っ黒になり、緑色や白いカビが生えていた。左目はドロリとこぼれている。頭頂部、眉毛、眼窩、鼻、口にはハエの卵とウジがビッチリ詰まって、うごめいている。写真を撮っていたら、口から大きめのウジが跳ね回りながら飛び出してきて、思わず「わっ」と声を出してしまった。固く握りしめた拳も真っ黒になり、表面の皮が剥がれていた。鳥のフンがかかっているのが、なんだか悲しかった。

大木で首を吊る人は珍しい。どうしても目立ってしまうから、というのがあるが、ロープワークも難しくなる。樹に斜めにかけて、摩擦力で固定していた。立った状態で死んでいたが、小さめのリュックサックを満員電車に乗る時のように前がけに抱えて死んでいた。よっぽど大事な物を持っていたのだろうか？

青い厚手のジャンパーを着ていたのだが、首もとに『Future（未来）』と書かれていた。それで、フューチャー君と呼ばれていた。

フューチャー君は比較的遊歩道から近く、目立つ場所で死んでいたにもかかわらず、通報されなかった。最後は骨になってガクッと前かがみになるように倒れた。

すると、ジャンパーの背中には『Past（過去）』と書かれていた。

●ガンジー

樹海のかなり奥で見つかった死体だった。いかにも真面目そうな風貌の中年男性だった。地図やロープの結び方の本などをきちんと持ってきていた。

かなり高い位置で首を吊っていた。

死体は、徐々に腐敗が進み、肉が溶け出すように下に落ちていった。最初はしっかりとした厚さのあった身体も徐々に細くなって行く。手足は腐って、手首から先、足首から先は地面に落ちた。

それくらいの時期に、松原タニシさんとスタッフとで動画を撮りながらその死体を見に行くことになった。

しかしタイミングが悪いことに、史上最大級と言われる台風が北上してきていた。ちょうど樹海に潜る時に、バッティングした。

予定が決まっていると、悪天候になっても避けられなくなるのが良くない。そしてかなりの高確率で悪天候になるのだ。

気温も低く、土砂降りの中歩いていると、体力がドンドン削られていくのが分かった。体温が低下して震えながら見たのが、この死体だった。

もちろん死体も濡れそぼっていた。びしょ濡れになり、ぬらぬらと光っていた。

もう随分と細くなり、全部が下に落ちるのも時間の問題に見えた。しかし意外なことに、眼鏡だけはしっかりとついていた。眼球や鼻はすでに流れ落ちているのに、まるで頭蓋骨の一部であるかのようだ。

黒く痩せてメガネをかけている死体が、意識朦朧《いしきもうろう》とした目にはガンジーに見えた。

そこでしゃがみたかったが、一度しゃがんでしまったらもう立てなさそうだった。

なんとか樹海からは脱出できたが、風邪を引いてしまった。悪夢の中では、ガンジーが樹海の中で彷徨っていた。

●個性のない骸骨たち

これまでいくつもの骸骨を見てきた。

最初から骸骨だった死体もあるし、肉がある死体でもそのうち骸骨になる。一旦骸骨になってしまったら、変化はゆるやかになる。

樹海で発見した骨。野犬か鹿のものだろうか、それとも……

頭蓋骨は博物館でも見ることができるが、多くは大昔の人だ。樹海の死体は現代の人だから、多くは歯に治療痕がある。銀歯や詰め物、インプラントが見える。途端に、生々しく感じる。そして、時間が経つと青く苔むす。青木ヶ原樹海という名前は、青く苔むしているところから来ているが、骨も青くなる。そしていつか腐葉土に埋まって、腐ってしまう。

映画で出てくる骸骨兵は、陽気で、個性がない。『アルゴ探検隊の大冒険』『キャプテン・スーパーマーケット』『パイレーツ・オブ・カリビアン』などなど。

それは現実でも同じで、骸骨は見分けがつかない。僕は絵のモチーフで骸骨をよく描くので、骸骨は好きだが、それでも見分けはついていない。写真を見返しても、どれがどれだか分からない。少し申し訳ない気持ちになる。

Kさんは、肉のついていない死体に関しては興奮を覚えないらしい。

「骸骨ねえ……。まあ『枯れ木も山の賑わい』と言ったところでしょうか？　何も見つからないよりずっといいですけどね」

【第三章　樹海の死体が語るもの】

Kさんの死体コレクション

Kさんが見つけた死体たちを紹介する。

僕は写真を見せてもらっただけだ。何だか昔の恋人の写真を見せてもらっているような雰囲気だが実際には、多くは腐乱死体だ。

●イカ飯くん

Kさんが初めて見た死体だ。

ネット掲示板での募集に載って樹海で死体を探すツアーに参加したKさん。最初に見つけたのは、腐乱しきった、最も臭い状態の死体だった。

首吊り死体だが、顔は赤黒く腫れていた。そして目鼻口からは白い蛆虫が溢れ出ていた。ドロドロとセメント色の液体が溢れ出し、紺色の服に垂れていた。写真を見るだけで、臭いが感じられるエグい死体だ。

赤い身から白いツブツブが出ている状態が、イカ飯に見える。だからイカ飯くんと呼ばれるようになった。イカ飯を食べる機会があると、イカ飯くんの顔を思い出す。

「いやあ強烈でした。臭かったですよ。最初にそんなのを見つけてしまったら、やめられなくなりますわ」

Kさんは、この死体を見たことで一気に樹海の死体散策にハマった。まさに運命の出会いだったと言える。やはり、どこか恋愛話のような雰囲気になる。

●ソニマニ君

やはり初期の頃に見つけた死体だ。

軽い窪地で黄色いロープ首を吊って死んでいた。かなり腐っていて、顔全体が真っ黒になって、目から脳だのなんだのの腐った物が溢れ出てそれも真っ黒になっている。

マリオネットのようにヒモに引っ張られて中腰で立っていた。窪地だったせいか、目にしみるほど強烈な腐敗臭がしたという。

黒いパーカーを着ていたのだが、『SONICMANIA』というロック・フェス『SUMMER SONIC』の前夜祭イベントのパーカーだった。

ソニマニ君と呼ばれるようになった。

Kさんはそれ以来、ゲン担ぎに『SONICMANIA』の服を着るようになった。死体と同じ服を着ても、死体が見つかるようになるとは思えないのだが。

●ガスパン君

樹海の自殺で最も多い方法は首吊りだ。

ついで多いのは服毒自殺だ。

ガスを吸って死ぬ人もいる。練炭を焼いて出た一酸化炭素で死ぬ人、『まぜるな危険』の塩素系洗剤と酸性洗剤を混ぜて塩素ガスを発生させて死ぬ人。そして樹海ではかなりレアだが、風船用のヘリウムのボンベを持ち込んで死んだ人がいた。声を変えるヘリウムガスには酸素が入っているが、風船用のヘリウムには入っていないので、吸い続けたら酸欠で死ぬ。Kさんはガスパン君と名付けて呼んでいる。

「ヘリウムで死ぬのは楽」

という噂が流れているので、ヘリウムで死ぬ人は稀《まれ》にいる。東京で事故物件を探っていたら、サラリーマンと女子高生がヘリウムを使って心中していた。

ヘリウムの缶は通信販売でも買うことができるが両手で抱えてやっと持つことができるくらいのサイズだ。樹海の中に持ち込むにはかなり大きい。

「この人はすごい慎重な人だったんでしょうね。色々な自殺の道具を持ち込んでました。ロープとか、ナイフとか。どうしても樹海で死にたいと思っていたんでしょうね」

結果、ヘリウムガスで死ぬことができた。

横たわって死んでいたが、そのまま白骨化していた。赤い服はそのままの形で残っているので、まるでパペットが横たわっているように見える。そして近くには丸っこいボンベが転がっている。

「普段なら骨になってしまった死体はあまり興味がないんですけど、この死体は少し滑《こっ》稽《けい》で印象に残ってます」

●ヒデくん

Kさんとは一緒にイベントを開催したりしているのだが、お客さんに最も人気が高いのがヒデくんだ。

茶髪のロン毛に、黒いロングコート。手には指ぬきグローブをつけていた。コートは背中に白い筆で抽象的な絵が描かれたオシャレな一品だ。

「よくある中腰の首吊りなんですけど、絵になってるんですよね。苦しそうにロープに手をかけてるのがいいですね。最後、苦しくて後悔したんだなと思うと楽しいですね。ただ靴だけは普通のスニーカーだったんですよね。歩きやすさを重視したのかもしれないですけど。そこは耽美な靴を履いてほしかった」

なぜか頭頂部にダメージがあり、そこに大量の大きな銀蝿がたかっていた。目や鼻も卵が産みつけられ、ウジが孵《かえ》っていた。その卵やウジを狙って、足元から大量のアリが這い上がってきていた。口の部分には大量のアリがたかっており、まるで黒い糸で口を縫合したかのように見えた。

近くにはカバンが置かれていた。

中には大量の薬が入っていた。また、おそらく仲の良い知人からもらったのであろう『ＨＩＤＥくん、就職おめでとう!!』という手紙が入っていた。

それで、ヒデくんと呼ばれた。実際にはハイドくんかもしれない。

●ヤクザ&小男（人気のない死体）

悪そうなサングラスにパンチパーマのいかにも柄の悪い雰囲気の首吊り死体だった。白いトレーナーは黒いズボンにしっかり入れている。まだ死んで間もなく、生きている時の容貌がほぼそのまま残っていた。

樹により掛かるように直立して死んでいて、口は半開きでよだれが垂れている。口の中で舌が膨らみパンパンで黒くなっている。前歯は数本しかない。

「勝手なイメージですけど、首吊りしなさそうな人なんですよね。死んでいる姿勢も自分で死んだにしてはなんかちょっと不自然に感じるんですよ。周りに荷物も持ってないし、他殺かもしれないと思ってるんですけど。自殺として処理されちゃったみたいですけど」

もう1人も、まだ死んで間もない死体だった。60歳くらいの小柄で痩せた男性で、女座りの姿勢で座って死んでいる。薄紫のスウェットに濃い紫のズボン。リュックサックを背負っている。

小首をかしげたような形で、ほうけたような表情をしている。

二つとも死んで間がない死体で、Kさんの趣味としては

「もう少し熟した方がいいのだけど……」

という感じなのだが、それでもかなり良い状態ではある。この二つには特徴があるという。

「僕は好きなんですけど、この二つの死体。でもイベントだと全く人気がないんですよね。ヒデくんと比べると可愛そうなくらい反応がない。ヒデくんはファンがグッズを作るくらい人気があるんですけど。死体になっても、人気はルックスで決まるって、なんだか残酷ですよねえ」

●フリーズドライ

死体になっての変化の仕方は、死んだ季節によって大いに違う。真夏に死んだ場合は、あっと言う間に腐り、ウジが湧き、数週間で骨になってしまう。

冬に死んだ場合は、冬の間はあまり変化がない場合もある。その間、表面が乾燥して、

なめされたようになる場合もある。

「フリーズドライって呼んでますね。凍ってしまって、水分が抜けてしまう。たまにあります」

若い男性がくの字型に倒れて死んでいた。

冬に死んでいたのに、男性は赤いTシャツにジーパンという真夏のような格好だった。ベルトは開けて、ズボンは少しだけずり下がっている。近くに身分証が落ちていて、かなり偏差値の高い大学生であることが分かった。人が羨むような立場でも死ぬ人はいる。分からないものだ。

死因は分からなかった。睡眠薬を飲んで凍死をしたのかもしれないが、ピルケースは見当たらなかった。

死体は綺麗な状態だったが、特徴があった。

「顔を小動物に食べられてますね。ネズミかイタチでしょうね。ちょうど美味しいと言われる頬肉の部分を綺麗に食べてます。人間が美味しいと思う部位は、動物にとっても美味しいみたいですね」

死体はまず目から傷む。ハエに卵を産み付けられて、腐って行く。でもこの死体は、

枝に結ばれた青いネクタイ。首を吊る道具はロープだけではない

その前に凍ってしまった。まわりに雪はなかったが、まだ氷点下を保っていた。だから眼球も凍っていた。何も見ていない黒目が、白く濁っていた。

「爪が凍って黒く変色してるんですよ。まるでオシャレなマニキュアを塗っているみたいに。それも良かったですね」

●ジョン・レノン

ある年の正月、イギリス人の迷惑系ユーチューバーが樹海で死体を発見してアップロードし炎上していた。亡くなって間もない死体だった。冬は樹海で死ぬ人は減るが、それでもクリスマスから正月にかけては多い。そもそもその時期に死ぬ人が多いからだ。

ユーチューバーが死体を見つけたまさにその日、Kさんも死体を見つけていた。

「古い遊歩道沿いでした。人がよく通る場所ですね。通り沿いの樹にロープをかけて立ったまま首を吊ってました。

パーマのかかった長髪に、大きめのサングラスをして死んでいたので、ジョン・レノンというあだ名をつけました。じっくり観察したかったんですけどね。人がよく通る場所なので、すぐに離れました」

死体は数日後にはなくなっていたという。

同じ日に見つけていても、ひっそりと自分で楽しんだ人は炎上しないで済んだのだ。

●サムネ

まだ若い、30代前後の女性の死体だ。女性が樹海で死んでいるのは珍しい。

まず、男性に比べて、女性の自殺率は低い。樹海で死ぬと腐ったり、虫に食べられたりすることが多いから、それを嫌がる。男性に比べて女性は、自動車を持っている率が低いのも原因かもしれない。

ほっそりしていて黒いジャンパーと黒いデニム、黒い靴を履いている。この死体はかなり高い位置で死んでいた。足がプランプランと中に浮いていた。高い位置にロープを吊るし、首をはめて、落ちる形で吊ったようだ。死んで間もなく、まだ血色が良いくらいだ。目が薄く開いていて、ぼうっとした黒い瞳が見える。死体の目は見ていると、気持ちがざわざわとしてくる。

よく
「死ぬと大便小便垂れ流しになると聞くんですけど、本当ですか？」

と聞かれることがある。

実際には、新しい死体で垂れ流しになっているのは見たことがない。もちろんズボンを脱がせて確かめているわけではないから分からないが。多くの人が、済ませてから死ぬから出ないはずだ。この死体も漏らしていなかった。

時間が経つと、漏れてくるかもしれないが、内臓が腐って全部だだ漏れてくるので、今更大小便のことを気にしても意味がない。

ここ数年、樹海に紙おむつを持ってきている人が増えている。死ぬ時もはいているのかもしれない。だがあらゆる意味で、紙おむつは意味がないと思う。別に大小くらいならそこらでしても問題ない。

「手をグッと握りしめているんですよ。親指を握り込む形で。まだ死んで間もないから、赤く血色がいい。僕の、サムネ（プロフィール画像）にしてるんですよ。そうしたら、どこかの業者が僕の画像をパクって、商品の宣伝に使ってたんです。死体の手の写真を商品の宣伝に使ってるって笑えますよね」

なかなか笑えない話だ。

【第三章　樹海の死体が語るもの】

いけなかった男

5月下旬、Kさんと樹海へ出かけた。

「今回は、普段よりも見つけやすいかもしれません」

とKさんが言う。

青木ヶ原樹海で散策をするのは僕たちだけではない。ユーチューバーなど何人もいる。樹海で死体を見つけると警察に通報する。別に、通報しなければならない法律はないのだが、多くの人は通報する。中には『樹海で死体を探して警察に通報する』のを目的にしている一派があるという。

もちろんKさんは警察に通報しない主義だ。

「僕の通報しない主義を『悪だ』という人もいたのですが、警察はそうは思っていないようです。逆に通報する人に対して『次に通報したら逮捕する』と脅しているそうです」

死体を探す人たちの間にも派閥があるのだ。

そんな彼らが、ここのところ通報するたびにひどく怒られているという。散々怒られた挙げ句、『次に通報したら逮捕するぞ‼』と脅されるそうだ。

「警察は通報されると樹海の中に入って死体を回収しなければなりません。死体を運ぶのは大変な重労働です。死んで間もなかったり、骨になっていたらまだ良いのですが、腐っていたらもう大変です……。アルミ製の荷車を持って行きますが樹海の中までは入れません。そして持って帰ったら、自殺者の数が増えます。山梨県は年間の自殺死亡率はトップクラスですから、これ以上数字を悪くしたくないはずです」

ちなみに自殺者数の統計は「自殺の発生地」でカウントされる。東京の住人が山梨県で死んだ場合、山梨にカウントがついてしまう。確かに面倒だし、成績も下がるなら、嫌だと思うかもしれない。ただ、逮捕をちらつかせて通報させないというのは、えげつないように思う。

「まあ警察なんてそんなもんですよ。たとえ通報しても時間が夕方過ぎだったら引き取りに来ないこともありますしね。しょせん死体は死体ですから。生き返ることはないですから。雑に、邪険に、扱われますよ」

警察という機関に関しては疑念が湧いたが、Kさんにとっては悪い話ではない。今までは、警察に通報されていた遺体が、そのまま残っている可能性が増えたのだ。


今日はお昼過ぎに、初対面の死体を見た。多くの遺体は樹海のかなり出口近くで亡くなっているが、この遺体はかなり樹海の中央で亡くなっていた。

顔は白骨化しているが、体にはたっぷりと肉が残っている。地面に倒れて死んでいるのだが、首は吊っていなかった。薬のピルケースも落ちていない。……死因が分からない。

ただ、スマホやゲーム機が落ちていて、最後まで遊んでいたようだ。またレトルトのご飯を温めずにそのまま食べた跡も残っている。つまり、殺されたわけではなさそうだ。

この死体も後日、元科捜研の男性に見てもらった。彼は、死体の足が裸足であることに注目した。

「推測ですけど、比較的細いヒモで首を吊ったんじゃないですかね。それで野生動物……熊や猪が足を加えて引っ張った。だから靴が脱げているし、歯形もある。ズボンも裂けています。引っ張ったからヒモが切れるか外れるかした。そしてズルズルと引っ張ってきたけど、そこで気が変わってどこかに行ってしまった……。写真だけでは分からないけど、そういう風に見えます」

そう言われれば、そんな気がしてくる。

比較的新しい死体を見つけて、Kさんは嬉しいはずだが、少し浮かぬ顔だ。

「これ、知人に座標を教えてもらったんですよ。インチキだから、素直に喜べないんです」

と言う。

普段だったら死体を見つけたら通報する知り合いが「警察に通報したら逮捕すると脅されたから」という理由で通報しなかった。

Kさんと「死体のあった座標」を交換した。自分で見つけたわけではなかった。それで浮かぬ顔だったのだ。「自分で見つけた死体」はやはり愛着が湧くらしい。まるでポケットモンスターを集めるような感覚だ。

一つ目の死体を見たのはまだ昼過ぎだった。

時間はまだたっぷり残っている。

通報される死体は減っているのだから、見つけるチャンスは増えている。そう思いながら、樹海を彷徨い続けたが、簡単には見つからなかった。

時間はいつの間にか午後4時を回っていた。冬ならば午後4時がタイムリミット。日の長い季節でも5時を過ぎるとかなり暗くなる。

帰りつつ、それでもしつこく探す。

実は、この4時台に見つかることが一番多い。Kさんはいつもこの時間になると、

「あきらめたら、そこで試合終了ですよ」

とスラムダンクの安西先生の名言を吐く。

樹海にいる間は、最後まで諦めずに探し続ける。


ふと目の端に青いものが映った。Kさんと一緒にそちらを見ると、樹からぶらりと死体がぶら下がっていた。遠くから見ても、まだ死んで間もないことが分かった。とても高い位置で死んでおり、風に吹かれてゆっくりクルクルと回っていた。

「あった……」

思わずハモる。

ずいぶん高い位置で死んでいる。折れた木の枝にロープを引っ掛け、自分も木に登り、

首にロープを巻き付けたうえで落ちたらしい。こんなに、高い位置で死んでいるケースは珍しい。

近づいてみるとかなり若い年齢であることが分かった。まだ20代だろう。ただ顔に黒いマスクをしているからよくは分からない。コロナの流行以降マスクを持って樹海に入る人は増えたが、マスクをつけて死んでいる人を僕は初めて見た。

死んで間もないとはいえ、顔には夥しい数の大きなハエがたかっている。特に目にたかる。目の中に潜り込んで卵を産んでいる。ハエが飛びさった一瞬、目が見えた。閉じていると思っていた目は、実は開いていた。何も見えていない目は、ドロリとしていた。死体独特の容貌だ。

この目は何度見ても慣れない。

それにしても高い位置で死んでいる。支えに使った木の枝はかなり細い。下から見上げると、まるで映画のワンシーン、西部劇で処刑されて吊るされた死体のようだ。

足元には荷物が落ちていた。紙が落ちていた。小さく、そしてピンク色の紙だった。どうやら遺書ではない。

「○○くん。今日はありがとう。とーっても楽しかったよ。○○くんは、初めてのピンサロどうだった？　反応がすごくかわいくて、楽しかった。でもイカせられなかったのは残念‼　今度もう一度来てくれたら絶対にイカせてあげるからね‼　○○○○○」

風俗嬢からの手紙だった。

死ぬ前に最後に、ピンクサロンに行ったのだろうか？　しかし、射精はできなかったようだ。彼にはもう次はない。

「いけなかったのに、逝《い》ってしまったのか」

そう思うと途端に切ない気持ちになってきた。

身元を調べてみると、フェイスブックで見つかった。日本縦断をすると言って宮崎県からスタートし、鳥取県で終わっていた。

その後は、全く更新されていなかった。

色々あって、樹海で死ぬことになったのだろう。

写真を撮っていると、徐々に闇に包まれていく。仕方なく、僕らは樹海を離れた。

Kさんは死体を育てたいと思っていたが、遊歩道から近いためすぐに見つかり、次に来た時にはなくなっていた。

【第三章　樹海の死体が語るもの】

死体は食べ物

樹海にいる死体は食べられている。

暖かい季節に死ぬと、あっと言う間にハエにたかられる。

樹海はそれほど虫が多い森ではない。しかし死体や糞にはすぐにハエが集まってくる。

その嗅覚の良さには驚くばかりだ。

目や鼻などに卵を生みつけて、ウジが孵ると集団で体を溶かして食べていく。

その卵やウジを蟻が狙って食べる。せっせと上っては巣に持ち帰る。

シデムシと呼ばれる甲虫が湧くこともある。シデムシは漢字で書くと死出虫だ。死体に集まる虫だ。体にびっしりとシデムシが這いまわっているのを見るとさすがに鳥肌が立つ。

ネズミやイタチなど小型の動物が、体を食いちぎっていく。ガリガリと歯形が残っていたり、糞が落ちていたりする。

鹿は草食動物だが、まれに動物の死骸を食べることもあるそうだ。塩分の補給、タンパク質の摂取、などと言われているが、結局

「食べられるから、食べる」

のだろう。草食と肉食は、そもそもそこまで明確に分かれていないのかもしれない。

鹿がいるところには鹿に寄生した動物が出がちだ。樹海散策をしている人がマダニに噛まれて手術を受けているのをツイッターで見た。樹海にはあまりいないがヒルも湧く。ヒルには噛まれたことがあるが、痛くないのに血だけがやたらと出る。雨も降っていないのに、靴下がぐしゃぐしゃになって、おかしいと思って脱いでみると大きいヒルが3匹もついていた。火を当てればすぐに取れるが、手づかみで取ろうとするとなかなか取れない。そういう吸血動物から、感染症にかかる可能性もある。

そして雑食の猪や、熊が食べたのであろう跡も残っている。心中した男女の死体の腹は、腐った後にごっそりと喰われていた。

猪や熊が顔を突っ込んで、ガツガツと腐った腸を食っているのを想像した。

「こんなに腐ってるの食べて、大丈夫なんですかね？　どんだけ内臓強いんだろう。しかも除草剤飲んで死んだ死体の内臓なのに……」

「いやあ、大丈夫じゃなかったかもしれないですけどね、ははは。まあ、一つ言えるのは野生動物は何を食ってるか分からんってことですよ。だからジビエとか絶対食べないですよ。だって何食べてるか分からないですからね」

僕も大きくうなずいた。

第四章 樹海の謎と都市伝説

【第四章　樹海の謎と都市伝説】

樹海には殺人鬼がいる？

週末ごとに樹海の中で死体を探しているKさんはかなり怖い存在に思える。

だが都市伝説ではもっと怖い人もいる。

樹海の中で自殺しようとしている人に声をかけ、拷問して嬲《なぶ》り殺す変質者がいるという伝説やフィクションはよく語られる。

実際、Kさんはよく
「人を殺しているんじゃないか？」

と言われるという。

「僕はクリエイターではないですよ。飽くまで、死んでいる人を見たいだけです」

最初、何を言っているか分からなかったが、クリエイターとは「死体を作る人」のことらしい。つまり殺しをする人。人を殺すという行為を、クリエイト（創造）と捉えるとは、やっぱりかなり変態的思考である。

殺人をするよりはマシだが、樹海にある死体にいたずらをする人がいるというのを聞いたことがある。ただ、多くの死体を見てきたKさんにもあまり覚えがないという。

「カバンが荒らされていることは多いですけどね。僕は死体以外には興味がないし、証拠（指紋など）を残すのは嫌だから、基本的には触らないですけど。外に出されていることは多いです。後は、撮影するために頭蓋骨の場所をズラしたりはあるけど、傷つけたりとかそういうのはあんまり見たことないですね」

Kさんがそう言うなら、都市伝説なのだろうと思った。実際、そう簡単に死体が見つかるわけでもない。

そんなある日、全く関係ない仕事で、とある青年に会った。まだ若いのに、かなり有名な人だった。周囲の人望も厚い。食事をする機会があり、少し酒を飲みながら話した。

「村田さん、樹海行くんでしょ？」

「あ、はい。そうですね。ちょくちょく行ってます」

「村田さんも好きですね。行ったら、危ないことしてるんでしょ？」

「危ないこと？　いや、まあ、樹海を歩くのは危ないと言えば危ないですけど。普通に死体探してるだけですね」

「ホント？　俺も若い頃、樹海に行って死体探してたよ」

その段階でかなり若い人だったので、若い頃というのはすなわち結構最近だ。

「みんなで行ってたんだけど、死体見つけたらナイフとかで刺したりしたよ‼　まだ新しい死体だったらさ。それで最後は火を付けて焼いたこともある。死体を嬲れるチャンスなんてめったにないからさ、すごい良かったよね」


と、楽しそうに語る。

僕は「都市伝説の人、こんなに身近にいたのか……」と震えながらも、感情は表面に出さないようにウンウンとうなずきながら話した。

まず第一に彼の話が本当かどうかは分からない。そして、彼は死体にしかいたずらはしていないと言っている。だから、自殺しようとした人が嬲られて殺されるというのは、都市伝説なのだろうか？

自殺サイトやSNSで仲間を集めて集団自殺をする人たちがいる。僕が大阪に借りている物件の隣のホテルでも3人が練炭自殺をした。

本当に仲間を集めて自殺するケースもあるが、自分の中の〝殺人願望〟を満たすために自殺志願者を集めるケースもある。

2017年に起きた『座間9人殺害事件』がそうで、自殺サイトで「一緒に死のう」と言って人を集めていた。結果、女性には性的暴行を加えてロープで首を絞めて殺害。Kさんのいうところの〝クリエイター〟だ。現金を奪ったうえに、浴室で解体。死体は近所のゴミ捨て場に捨てていた。室内のクーラーボックスには、バラバラにされた被害者の9つの頭部と、240本の骨が出てきた。

「一緒に樹海で死のう」

と声をかけて、樹海の中でレイプ。殺害してそのまま捨ててきたとしても、バレない可能性は高い。

皆さんは、〝クリエイター〟には出会わないよう、注意して欲しい。

【第四章　樹海の謎と都市伝説】

方位磁石が狂うは本当か？

樹海にまつわる都市伝説に、「樹海の奥地では、方位磁石が狂う」というものがある。

はたして、それは本当だろうか。

僕が初めて樹海に行ったのは、まだ二十代の頃。もう四半世紀も昔になる。引きこもりのイラストレーターだった僕は、突如、

「このまま死ぬのはよくない‼　様々な場所をこの目で見てから死にたい‼」

と思いたち、潜入・体験ライターになった。

それで、最初に選んだのが青木ヶ原樹海だった。

すでに、自殺の名所であり、磁石が利かない、一度入ったら出られなくなる、人肉を食らう野犬がいる、などの噂も流れていた。それを検証するだけで、記事にできそう

だった。

ライターとしてコネクションは全くない状態だったが、樹海は「行けばそこにある」ので取材しやすかった。

右も左も分からなかったので、本屋さんで白地図を買い、コンパスとＧＰＳ端末を買った。

とにかく怖いので、大量の水や、食料、寝袋、などを詰め込んだ。総重量15キロになってしまった。立っているだけでふらつく。

富岳風穴と鳴沢氷穴をつなぐ遊歩道の途中から樹海の中に入った。まずは何も使わずにとにかく進んでみた。

「一度入ったら出られなくなる」

都市伝説が確かなのか、試してみようと思ったのだ。確かに樹海の中は一種異様な雰囲気だった。

樹海というだけあって多くの樹が立っているが、普通の森のようにまっすぐに立っていない。地面が固まった溶岩なので、まっすぐ伸びられないのだ。育つと倒れてしまうから、倒木だらけだ。陽光は木々の葉で防がれて、あまり入ってこない。細い線状の木漏れ日が射しこむ。足元は凹凸があり、とても歩きづらい。

「……まるで海底を歩いてるみたいだな」

森なのだから酸素は濃いはずなのだが、なんだか息苦しいような気持ちになる。

当時の樹海には、ものすごい数のヒモが走っていた。探検部などが樹海を探索する時に、スズランテープを張りながら歩いたのだ。後からヒモを回収する人はいなかった。そもそも生きて帰るために張られたヒモなのだが、なぜかとても不気味に見えた。

そして、ゴミもたくさん捨てられていた。大量のアダルトビデオが廃棄されていたり、ドラム缶、古タイヤなどが捨てられていた。ごみ処理業者による不法投棄だ。

それとは別に、少し気味の悪いゴミも捨てられていた。たくさんのカバンや財布、中身はほとんど入っていない。

「盗んで中身を抜いたものを捨てたのか？」

と推測したが、答えは出なかった。

樹海の地図をコピーしたものや、自殺者向けの書籍なども見つけたが、自殺者が持ってきたものか、自殺者を探す人が持ってきたものなのか判別がつかなかった。

ただ、服や靴、カバン、カメラ、などがまとめて同じ場所に捨ててあるのは、今思え

樹海を探索していると、大量の CD を発見した。誰かの遺品だろうか

ば警察が死体を回収した後に、遺された遺品だった可能性が高い。警察は遺体だけ持ち帰り、その他の物品を現場に残していくことがままある。何を聞いていたのか気になって、ウォークマンのテープだけ失敬した。

確かに、外に出られないような気がしてきたのだが、間違いだった。30分ほど歩いていると、遊歩道に自然と出てしまった。ハイキングをしていたカップルが驚いた顔でこちらを見ていた。

その後、何度も〝迷う〟ように樹海の中に潜ったが、結果1時間も歩いていると遊歩道や道路に出てしまう。

結局、樹海の奥に入ることはできず、初日は断念した。

路上で寝袋に入って眠り、朝から樹海の中に入っていく。スタートはやはり遊歩道の真ん中あたりだが、今回はコンパスでひたすら南西に進んでいく。本栖湖《もとすこ》のあたりに出られる予定だ。

「コンパス」は奇妙な挙動を見せたりせず、樹海の奥を指しているように見えた。樹海の奥に潜っていっている実感があった。

有り金をはたいて買ったGPS端末は役に立たなかった。当時はGPS衛星が少なく、木々が生い茂る樹海の中ではなかなか受信することができなかった。そして受信できたとしても、現在のGPS端末のように、地図上に現在地が示されるわけではない。緯度経度の数字が無機質的に表示されるだけだ。その数字を元に、白地図で現在地を当てる。めんどくさいし、確証もない。すぐにやめてしまった。当時すでに携帯電話はあり、ところどころで電波は通じた。だが、それで警察に助けを呼ぶことができたのかは疑問だ。

しばらく歩いていくと、ゴミなどの人工物や、ヒモを見なくなっていく。前人未到ということはないだろうが、ほとんど人が通らない場所に来た実感がある。

15時頃に簡単なテントを張った。樹海には横になれるような平らな場所はほとんどなく、探すのに時間がかかった。準備を終えると太陽は沈んだ。

夜空はとても明るかった。星がギラギラと気味悪く光っていた。そして、森は本当に暗かった。どれだけ目を凝らしても、何も見えなかった。

そして夜の森はうるさかった。人が寝られるような平らな場所は、他の動物にとっても良い場所なのだろうか。動物の足音が頻繁に聞こえた。おそらく鹿やウサギなのだが、樹海は熊の生息地だ。寝込みを襲われたらひとたまりもない。まんじりともせず夜が明けた。

最初は、映画でしか見たことがないような原生林に感動していたが、3日目ともなると何も感じなくなった。歩けども、歩けども、同じ風景。コンパスが狂っていたら、外に出ることができない。どんよりとした不安が胸にたまっていく。急にドドドドドドと地鳴りのような音が聞こえてきた。振り向くと、2頭の鹿が走ってくる。立派な角が生えた牡鹿だ。鹿はまっすぐこちらに向かって走ってくる。慌てて避ける。ほんの1メートルほど隣を猛スピードで走り抜けていった。

ぶつかったらただではすまなかっただろう。足を怪我でもしたら、そこでリタイアになってしまう。肝を冷やした。

しばらく歩くとすごい藪が広がっていた。藪は歩きたくなかったが、コンパスは藪の方向を示していた。枝に足や腕を引っかかれながらなんとか進んでいくと、急に視界が開けた。樹海が終わったようだ。後から思えば、樹海が終わり、陽光が降り注ぐから、藪になったのだ。藪を避けていたら、なかなか出られなかったかもしれない。

『造林地 上九一色村《かみくいしき》』

と書かれた立て札も見つけた。

オウム事件で一躍有名になった上九一色村は、２００６年に甲府市と南都留郡富士河《みなみつるぐんふじかわ》口湖町《ぐちこまち》に編入されたが、この時はまだ存在していた。

そこからもしばらく歩くことになるが、概ね予定通りの場所に抜けることができた。

「樹海ではコンパスが効かなくなる」

というのは、都市伝説だった。

樹海は怖いは怖いのだが〝自然怖い〟〝動物怖い〟という原初の恐怖体験だった。

結局、自殺死体を見つけることはできなかった。

当初の目的は果たしたのだが、強い敗北感を覚えた。敗北感を払拭するために、その後20年以上も樹海に通っているのかもしれない。

疲れ切って家に帰ると、カバンの中からカセットテープが出てきた。樹海の真ん中に落ちていた、ウォークマンの中に入っていたものだ。自分のデッキに入れてかけてみる。

荘厳《そうごん》で暗いクラシックミュージックが流れだした。

「死ぬ前に、綺麗なクラシックミュージックを聴こうと思ったのか？」

急に胸に恐怖心が押し寄せてきたのを覚えている。

【第四章　樹海の謎と都市伝説】

樹海に謎の宗教施設がある？①

初めて樹海に行ってから数年後、とある雑誌から

『樹海の真ん中にある謎の宗教団体を取材してきて欲しい』

という依頼があった。

なんとかライターとして食えるようになっていた。その後、数回樹海には行ったものの、収穫はなかった。僕の他にも、樹海を取材している人がいたので、なんとなくやる気を失ってしまっていた。それでも編集部が取材費を出してくれるならありがたい。女性の担当編集者が運転する自動車で現場に向かった。

そもそも樹海の周りには宗教団体が多い。

富士御室浅間神社《ふじおむろせんげんじんじゃ》、大日寺《だいにちじ》、富士講《ふじこう》、などはそもそも富士山に関わりのある宗教だが、

多くの新興宗教の施設がわらわらと建っている。霊峰富士にたかってきているのだろう。オウム真理教がサティアンを開いていたのも、樹海からほんの少し南に下ったところだ。

以前、アメリカの雑誌『ガールズ＆コープス』（直訳すると『少女と死体』という酷いタイトル）からインタビューを受けたことがある。「なぜ日本人は樹海で自殺するのですか？」と聞かれた。理由は自殺する人の数だけ色々あるが、

「富士山の御祭神は木花咲耶姫命（コノハナサクヤヒメノミコト）であり、彼女の夫は日本の天皇の祖先である天照大神（アマテラスオオミカミ）の孫です。つまりみんな天皇陛下の元で死にたいと思い、青木ヶ原樹海で死ぬのです」

と適当なウソを答えておいた。そのまま翻訳されて本に載っていた。アメリカで、デマが広がっていたら楽しいのだが。

話が逸れたが、富士山の周りには宗教団体は珍しくない。ただ、青木ヶ原樹海の中にはあまりない。そもそも建物自体がほとんどないからだ。

その施設がある大体の場所だけ把握して、現場に向かった。

精進湖《しょうじこ》のほとりにあるレストラン『ニューあかいけ』で話を聞く。

「ああ、あそこね。消防署の裏にある登山道を登っていくとあるみたいよ。行ったこと

ないけど」

と言われた。

富士五湖消防本部河口湖消防署上九一色分遣所《ぶんけんじょ》という施設があり、救急車が停まっていた。普通は気付かないが、消防署の裏に車道は続いていた。ほとんど使われていない道らしく、枯れ葉が積もって荒んだ雰囲気になっていた。しかし廃道ではない。

登山道入口には、看板と地図が建てられていた。ここからずっと歩いていけば、富士山に登ることができる。もちろん今は近くまで自動車でいけるので、利用する人はほとんどいない。

「……この道を登っていけば、宗教施設に着くということですかね?」

編集者が不安そうな声で聞いた。

僕に聞かれても分からない。とにかく登っていくしかない。

アスファルト舗装はされていたが、かなり厳しい登り坂だった。えっちらおっちら登っていく。道路として整備されるずっと前に建てられたのだろう、いわくありげな祠《ほこら》や碑《いしぶみ》が道端に設置されている。オカルトのたぐいは信じない性質だが、それでも少しゾクリとする。さらに進んでいくと、道が二股に分かれていた。片方の道は舗装されておらず、いかにもな雰囲気があった。

「まだ午前中ですし、ちょっと寄り道して行きましょうか？」

と編集者が行った。2人で恐る恐る山道に入っていった。進むにつれ、だんだん樹海的な雰囲気になってくる。

「見つけちゃったかも‼　見つけちゃったかも‼」

と言って編集者が飛び跳ねた。

編集者は50メートルほど向こうを指さした。確かになにか人工物が見える。

カメラの望遠レンズで見てみると、青いビニールシートのようだ。何かを包んでいるように見えるが……。

「たぶん、ゴミじゃないですかね……」

「え？　そうですか？　動いているように見えたんですけど」

「風かなにかで」

と言いかけたところで、そのカタマリがガサガサと動き出した。思わず、キャアと叫んでしまった。動いているのが生きている人間だということは分かった。だがどんな人物なのかは分からない。そしてその人間は逃げていくこともなく、近づいてくることもない。

「ひょっとしたら自殺を図ろうとしてる人なのかも？」

「でも、近づくのは怖くないですか？」

「そうですね、警察を呼びましょうか？」

2人で携帯電話を見たが電波は届いていなかった。

「ちょっとここで待っていてください。私、110番してきます」

と言うと、小走りに林道を戻っていった。

樹海の中に急遽ひとりで残された。

いや樹海に1人なら不安だけれど耐えられる。すぐそこに誰だか分からない人がいる状況は耐えられないほど怖かった。

とにかく目を離すことができない。

しかし待てども待てども編集者は帰ってこない。尿意に耐えかねたが、目を離すのが怖くて、そのまま何とかチャックを開けて用を足した。この時、汚い手で触ってしまい雑菌が尿道から入ってしまったらしく、翌日に男性器がパンパンに腫れてしまった。

30分経っても、1時間経っても編集者は帰ってこない。あまりに待ちすぎて、疲労してきた頃にやっと戻ってきた。

「電波がなかなか通じなくて。下まで降りて110番してきました。死体発見の通報は多いけど、生きてる人の通報は珍しいって言われました」

そこから警察の到着を待つのだが、警察もなかなか到着しない。

「ちょっとこの場所が分からないのかもしれません。様子を見てきます」

と言って再び編集者は離れていった。

さらに1時間待って、やっと警察官2名を引き連れて戻ってきた。

警察官は、僕が決して踏み込めなかった地点をあっさりと突破して、そのまま青いシートに向かって歩いていった。

僕は、警察の後をついて進んでいった。

ビニールシートは近くで見ると、ハンドメイドのテントになっていた。そしてビニールシートの近くにはレインコートを着た小さい老婆が2人座っていた。

ゾクゾクッと背中が寒くなった。

「うわあああああ‼」

と突然泣き出した。2人しておいおいと泣いている。

「もう行く場がないんです‼　もう死ぬしかないんです‼」

警察官がなだめつつ質問する。

２人は姉妹であり、死ぬために樹海に来たのだという。

「どうして死のうと思ったの？」

「インターネットで悪口を書かれているんです‼　もう逃げ場所がないんです‼　だからもうどうしようもないんです‼」

そしておいおいと泣く。

今から20年以上前の話である。インターネットはすでにあったが、そこまで普及していない。

「これ、おばあちゃんたち、インターネットの意味わかってるかな？『テレビが私の悪口を言うんです』って言う人はたまにいるけど、その類だと思うよ」

と話している。

悪口はおばあさんの妄想、少なくとも警察官はそう決めつけたようだった。

警察官が話しているのを横目に、テントの中を覗いてみた。テントの中には数本のペットボトルと、彼女たちの母親の遺影と位牌だけが置いてあった。

「ずっとここにいました。ここでこのまま衰弱して死のうと思いました」

首を吊ったり、毒を飲んだりする、積極的な自殺ではなく、徐々に衰弱して死ぬという方法を選んだらしい。それってどんな自殺よりも苦しいじゃないか。

すでに3日目で2人はかなり衰弱しているように見えた。すでに水は尽きて、食べ物はなく、このまま数日が過ぎたら、本当に死んでいたかもしれない。

2人は警察に手を引かれ、パトカーに乗せられた。位牌などをカバンに入れてトランクに載せた。

警察官はこちらに近づいてくると、

「通報ありがとうございました。とはいえ、あの2人は常習みたいなんで、保護施設に入れてもまたすぐ出て行っちゃうんじゃないかな？　と思いますけどね」

と苦笑いで言った。

人助けをしたという気持ちにはなれなかった。しばらく老婆の悲痛な泣き声が耳に残った。

【第四章　樹海の謎と都市伝説】

樹海に謎の宗教施設がある？②

老婆を乗せたパトカーが走り去って行くのを見送った。ひと仕事終えたような気持ちになったが、何も終わっていない。宗教施設に行かなければならないのだ。時計を見るとすでに14時を回っていた。森の中だから、すでに夕方っぽい雰囲気になってきている。

慌てて登山道を登っていく。それから30分ほど歩いたが宗教施設らしいものは出てこない。周りは鬱蒼《うっそう》と茂る青木ヶ原樹海だ。

レストランのおばさんの証言だけが頼りなので、どんどん不安になってくる。

祈るような気持ちで坂道を歩いていくと、道が二股に分かれていた。右方向には登山道の看板が出ていた。そしてもう片方には、工事現場などでよく見るバリケードフェンスが建てられていた。『安全第一』と書かれたボードがかけられているところに『乾徳

樹海の中を進んでいくと、人工物が見えてきた

道場』と書かれた木の板がかけられていた。

「ああ、良かった。この先にあるみたいです」

宗教施設がある確信を得てホッとした気持ちになったが、そこからしばらく歩いても、なかなか宗教施設は出てこなかった。

10分以上歩いて、やっと人工物が現れた。新興宗教施設というから、古い屋敷が出てくるかと思ったら、プレハブの倉庫のような建造物だった。そこには人は住んでいないようだったので、さらに進んで行くと石垣で作った橋のような道が現れ、その奥に母屋が建っていた。こちらは木造の建物だったが、思ったよりは普通の形をしていた。

しかし入口には紙が貼られていた。

『祈りの言葉
実在者（おおがみさま）の御心（みこころ）が此の世に
顕（あらわ）れますように
一、神（諸法実相）の国が開かれますように
一、凡（すべ）ての人が神（諸法実相）に蘇（よみがえ）りますように』

いかにも新興宗教で、編集者と2人、しばし固まった。

振り返ると、建物の前には鍾乳洞があった。その入口にはお供え物が並んでいる。

鍾乳洞の上にはお墓のような形の碑石《ひせき》が並んでいた。時代はまちまちだったが、崩れて字が読めない、かなり古いものもあった。

樹海の中の新興宗教施設、鬼が出るか蛇《じゃ》が出るか。

深呼吸をした後にノックをした。

プレハブ風の建物

お墓のような碑石が立ち並ぶ

永遠のような数秒を経つと、鍵を開ける音がして引き戸がガラガラと開いた。

年配のおばさんが立っていた。妙に派手な出で立ちで、お金持ちのおばさんというような雰囲気だった。

「あら、何を見て、ここをたずねていらっしゃったの？」

「噂を耳にしまして。一度話を聞いてみたいと思いました」

「……普通の人？　学生さん？」

学生ではないが、普通の人だと答える。

「そうならばいいけど、今大事なプロジェクトが進行中なのよ。だから外部に情報が漏れるのはまずいのよ……」

と深刻そうな顔で言われた。

樹海の中の宗教施設と、プロジェクトという単語がミスマッチだった。

「もう少しで帰って来るから、それまで待っていらして」

と居間に通された。

帰ってくるのは、恐らくここの長なのだろう。

屋内はかなり広い。居間の隣の部屋は修行部屋だという。そっと入ってみると、仏壇

『乾徳道場』の修行部屋

が置かれており、その横には黒板が置かれ仏陀の逸話が解説されていた。神道と仏教が混じったような、しかもかなり個性的な教えのようだった。

　居間で座っていると、茶と茶菓子を出された。明かりは外からの陽光だけで、それも刻々と弱くなっていった。

　ガラガラと引き戸が開き、僧形のおじいさんが帰ってきた。おばさんが耳打ちする。

「そうか待たせて悪かったね。昨日までは他県にいたんだ。それなのにこうして会えたのは運命だね‼　運命なんだ」

　僕たちの前に座ると、熱く語りだした。

「ここは道場なんだ。道という漢字の意

味が分かるかね？」

無言で首を横に振る。

「しんにょうは車という意味なんだ。米を車に載せたら迷いになる。そして首を載せたら道になる。道場に来るならば、真剣になって首を持ってこなければならない‼ 首をもってこい‼」

思わず首をすくめてしまった。

「私は太平洋戦争で死ぬ気だったんだ。しかし入隊した途端、戦争が終わってしまった。目的を失った私は自殺しようと思い、樹海を彷徨った」

おじいさんは10年間樹海を彷徨ったという。そしてその挙げ句、この場所にたどり着いたという。つまり、鍾乳洞と古い碑石がある場所だ。ちなみに古い碑石は、今はもうなくなってしまった宗教、富士講が建てた碑石だ。修験道《しゆげんどう》系の宗教で、回るポイントだったようだ。鍾乳洞には、修行の果てに即身仏《そくしんぶつ》になった僧侶がいた、とおじいさんは説明してくれた。後日、鍾乳洞に足を運ぶと入口には『精進御穴日洞《しようじのおあなにちどう》』と白いプレートがついていた。

鍾乳洞に潜ってみるとたしかに思いの外深かった。そしてかなり深い場所に、赤い文

修行部屋の黒板に書かれた謎の文言。意味はよく分からないが力強い言葉が並ぶ

字が書かれた碑石があった。
『庄司 五十日行　千人供●
御胎内開山大先達誓行徳山●
神前●之富士門金佐伸』
と書かれていたが、即身仏になった僧侶のために作られたものなのかどうかは分からなかった。
「最初は何もない場所だった。そこで修行していたのだが、里の人達が死なれてはこまるというので小屋を建ててくれた。そして修行をしたのだ」
　おじいさんが修行を続けていると、通ってくる信者も現れ始めたという。玄関には寄付をした人の札がかかっていたが、かなりの枚数があった。

おじいさんは、A四サイズの紙と鋏を取り出して机の上においた。そして紙を折りたたみはじめた。

「このように紙を折って、そしてハサミを入れると、なんと……十字架になるんだ‼」

たしかに、紙を戻すと十字架になった。

「そしてなんと……残りの紙片を戻すと、HELL（地獄）の文字になるのだ‼」

かなり強引だが確かにHELLになった。

「これが発見された時、全米が絶望に打ちひしがれたという……。しかし私は新たなる並べ方を発見したのだ‼　これをこう並べると〝日本〟になるのだ‼」

確かに日本の文字に読めなくはない。

だが、紙片がたまたま、HELLと日本になったからと言って何だと言うのだろう？

「そうなのだ‼　日本は特別な国なのだ‼　自覚せよ‼　日本は宇宙の神、数千億の星を支配する神のおわす国なのだ‼」

とおじいさんは激昂した。

「私は神に聞いた、なぜ神は世界を作ったのか？　と。すると神は世界など作っていないと言ったのだ。私は驚いた‼」

暗い室内におじいさんの声がこだまする。

何を言っているのかは分からないが、狂っているのは分かる。

日はますます落ちて、室内は真っ暗になってきている。おじいさんの容貌を読み取れなくなり、遠近感も分からなくなってくる。

ズキズキと頭痛がしてきた。

「ここは、何を修行する道場なんですか？」

「ここは神の国が来る日を自覚する道場なのだ」

……神の国。

「神の国、そこには人類はいない、人がいない世界なのだ‼　私たちは人類を終わりにする仕事をしている。もうすぐその時が来るのだ‼　今日会えたのも運命、来る日に備えなさい‼」

話し終えた。

部屋は暗くて、全てがぼんやりとしている。

編集者がやはりのっぺらぼうのように表情が読み取れない顔を近づけてきて、耳元で、

「……これってカルトじゃないんですか？」

と囁《ささや》いた。

「ご飯食べていきなさい。今日は買い出しに行ったから色々あってよかったわ。これも運命よね」

おばさんが机の上に夕ご飯を出してくれた。

混ぜご飯、ジャガイモの煮物、漬け物。味は悪くないのだけど、冷たかった。

そして暗いので、何を食べているのかよく分からない。

暗闇がなんだか質量を持っているような気がする。ぬるりと液体のように体にまとわりつく。帰りたくなった。でも帰るためには、暗闇の中を歩いて行かなければならない。

「よし、下まで送っていってあげるよ」

と言うと、おじいさんは立ち上がった。

最初に見つけたガレージを開けると、立派な4WDの自動車が収納されていた。樹海の山奥で暮らす修行僧のイメージと、4WDの自動車はかけ離れている。

自動車のヘッドライトを浴びて、体にまとわりついていた闇をはらった。

自動車で下るにはかなり激しい道程だが、さすがに慣れている様子だった。

「この道でもたまに亡くなっている人や、亡くなろうとしている人を見かけるよ」

その後の『乾徳道場』。人の気配はない

と語った。そしてすぐにふもとに着いた。

この後、2010年にも2人にお会いした。

僕のことは覚えておらず、ほとんど同じような話を聞かせてもらった。

そして、それ以降は伺っても誰もいない。かなりの高齢だから、たとえご存命だったとしてもここに住むことはできないだろう。

まだ建物は残っているが、徐々に傷んできている。いたずらもされはじめている。この場所は、このまま朽ちていくのだろう。

【第四章　樹海の謎と都市伝説】

樹海村伝説の真相

「青木ヶ原樹海の真ん中に村がある」

と聞くと、昼なお暗い鬱蒼とした雰囲気の村を想像するかもしれない。

青木ヶ原樹海の中には本当に、樹海を切り開いて作られた村がある。航空写真を見るとわかりやすく、精進湖の南。国道139号線から青木ヶ原に食い込むように長方形の土地があるのが見える。

ただ、村に入ると暗い雰囲気はない。アスファルトの道路が敷かれ、建物が整然と並んでいる。廃墟も多いが、廃村という感じではない。

ここは、『精進湖民宿村』と呼ばれている。

民宿村と呼ばれているだけあって、『○○荘』と書かれた看板が目につく。現在約10

舗装された『精進湖民宿村』の村道

軒の民宿が営業を続けている。泊り込みで樹海に行く時には、宿泊させてもらっている。

なぜ、樹海の中に村ができたのか？

富士五湖の西湖《さいこ》のほとりにある根場《ねんば》集落《しゅうらく》は、１９６６年9月に起きた台風26号の影響で土石流が起き、大きな被害を受けた。精進湖の居村《いむら》は根場集落と非常に似た環境だった。精進湖の居村もいつ同じような大災害が起きてもおかしくないため、村ごと引っ越すことになった。その場所に選ばれたのが、樹海のど真ん中だったのだ。なぜ、樹海の中が選ばれたのかは誰に聞いても分からなかった。

村ができた当初は民宿はなかった。

1970年代に日本各地で民宿ブームが起こり、それに乗じる形で民宿がオープンしていった。当時の民宿は、現在の民泊のような、もっとお手軽な宿だったという。人口も増えて、民宿村の隣に精進小学校が建てられた。子供の数は全体で40人くらいだった。現在は閉校して公園になっている。

途中でグラウンドを増設することになった。

学校に通っていた住人に話を伺うと、

「増設でまた森を切り開いたんですけど、グラウンドのスペースだけで3人の死体が見つかったそうです」

と聞いた。見つかっていない死体は、樹海のあちこちにあるのだ。

そもそも樹海の民宿って何をするんだ？　と思うかもしれないが、そもそも富士山も富士五湖周りも観光地だ。富士サファリパークや富士急ハイランドなどのレジャー施設も多い。釣りやバイクのツーリングが目的の客もいる。

ただ、昔から自殺志願者が泊りに来ることはあったという。

よく宿泊させてもらう『民宿丸慶《まるけい》』の若旦那に話を聞くと、

「その人は真冬なのにもかかわらず、半袖シャツを着てベンチに座ってましたね。しば

民宿村の村道その②。樹海の内部と違って人間が生活している気配がある

らくして警察に連行されていきましたけど、怖くて夜も眠れませんでした。僕は森が大好きだったので、自殺の森と呼ばれてることにショックを受けたし、怒りの感情すらわきました。ただ地元の人たちは自殺する人を悪く言わなかったですね。それぞれ深刻な事情があったんだろうな……と」

そんな民宿村を歩いていて目を引くのが『上九一色村』の文字だ。消火用の施設に『上九一色村』『上九一色村役場』と書かれている。オウム真理教の事件の舞台になった上九一色村だ。現在の住所は山梨県南都留郡富士河口湖町精進5丁目だが、かつては上九一色村だった。オウム真理教が地下鉄サリン事件を起こした後は、「上九一色村」という村名を毎日テレビから耳にした。まるで「かみくいしき」という言葉が不吉な意味を持つような気さえした。

『民宿丸慶』の若旦那いわく

「当時は中学生でしたね。うちにはオウム真理教の事件の間、ずっとテレビ局の報道陣が宿泊していました。麻原彰晃《あさはらしょうこう》が逮捕されるXデーには、万が一に備えて学校は休みになりました。

村全体で使っている井戸があるのですが、もし毒を入れられてしまったら一巻の終わりです。なので村民がかわるがわる見張りをしていました。すごい嫌な気持ちでしたね。ずっと満室だったので、収入的には良かったですが、みんなうれしい気持ちにはなれませんでした。ふるさとがオウム真理教に汚されてしまったという悔しい気持ちでした。『上九一色村』という名前に恥ずかしいという気持ちを持つようになって、なくなった時には正直ほっとしました」

上九一色村にあったオウム真理教の施設『サティアン』と呼ばれる施設では信者たちが修行をしていた。多くの信者たちは人体を粉にする施設、監禁施設、サリンプラント、

泊りがけの樹海探索の際にお世話になっている『民宿丸慶』

自動小銃密造、など信じられないほど非合法的な施設がたくさんあった。

第一上九と呼ばれた第2サティアン、第3サティアン、第5サティアンがあった場所は現在は富士ケ嶺《ふじがね》公園になっている。第2サティアンは人間の遺体を隠蔽《いんぺい》するのに使われた場所だ。広くて何もない公園の隅には、ぽつんと慰霊碑が建っている。

第7サティアン、第9サティアン、第10サティアン、第11サティアンがあった場所は、ガランとした草原が広がっている。倉庫のような建物や、火《ひ》の見櫓《みやぐら》がポツンと建っているのが、わびしく感じられる。

第8サティアン、第12サティアンがあった場所には民家が建っている。

第6サティアンがあった場所は麻原彰晃が住んでいた場所だ。当時警察が隠し部屋に潜んでいた麻原らを逮捕するシーンはセンセーショナルに報じられたので覚えている人も多いだろう。その場所には1997年『富士ガリバー王国』というスウィフトのガリバー旅行記をテーマにしたアミューズメント施設が造られた。

全長45メートルの巨大ガリバー像がシンボルだったが、オウム真理教の施設だった風評被害に加え、アクセスは悪く、富士急ハイランドに負けて2001年で閉鎖した。

カルト宗教を取材するジャーナリストに話を聞くと、当時弟がサティアンに拉致されている人が、弟を助けに行ったらしい。

応接室に招き入れられ、お茶が出てきた。それを飲んだとたん、世界がぐるぐる回り出したという。正気を失ってしまい、気が付いたら施設の外にほっぽり出されていたという。

飲まされたのはおそらく、幻覚剤であるLSD入りのお茶だ。話し合いも何もせず、出会いがしらにいきなり麻薬入りのお茶を飲ませるところが、当時のオウム真理教の凶悪さを物語っている。

樹海で見かけた古い看板。文字が消えかけているが「上九一色村」時代のもの

　少し話が逸れるのだが、アダルトビデオ関係者と飲む機会があった。

「村田さんはどんな女優さんが好みなんですか？」

　と聞かれた。最近は新作を見ない、恐らく引退してしまったであろう女優さんをあげた。小柄でかわいらしいのだが、どこか冷たそうな目が特徴的な人だった。名前を挙げると、すごく感心された。

「さすが村田さんですね‼　彼女を推《お》しますか。とことんですね‼」

　何で感心されているのか、さっぱり分からなかった。頭の上にクエスチョンマークが浮かぶ。

「彼女は、上九一色村のサティアンの中で生まれて、サティアンで育ったオウム真理教純粋培養な女性なんですよ」

と言われた。

たまたまそんな女性が気になったというのにビックリした。現在は海外で暮らしていると聞いた。

結局、上九一色村は２００６年に分断されてまわりの地区に吸収されてしまい、どこに上九一色村があったのかがすぐには分からなくなった。図書館に行って、古い地図を参照してやっと地図を描くことができた。

「一つの村が、こんなにも痕跡を残さずに消えるんだ」

とそら恐ろしくなった。

【第四章　樹海の謎と都市伝説】

樹海で見つけた落とし物

樹海には様々なモノが落ちている。

僕が初めて樹海に行きはじめた頃は不法投棄が多く、大量のドラム缶、粗大ごみ、車のタイヤ、VHSビデオテープなどが不法投棄されていた。2013年にUNESCOの世界遺産リストに登録されてからは、不法投棄は減った。

現在は個人が（そして故人が）捨てていったモノが落ちている。

とても嫌だし危ないと思うのは、キャンプの跡だ。肝試しがてら、樹海の中でキャンプをしたのだろう。大型のテント、食器類、余った食材などが全部捨ててあった。しかも岩を組んで窯を作り、火を焚いて料理をした跡もあった。火事にでもなったらえらいことだ。

テントはテントでも、自殺志願者が残していったテントもある。樹海に来ていきなり首を吊って死ぬ人もいるし、しばらくテントに滞在してから死ぬ人もいる。また死にきれずあきらめて帰る人もいる。

死体があった場合は警察が荷物を回収するが、意外と雑な場合も多く、色々と残されている場合も多い。顔の部分が焼かれた運転免許証、自殺解説本の樹海のパートだけをラミネート加工したもの、ロープの結び方。

お笑い芸人の自殺者の足元にはネタ帳が置かれていた。様々なネタが書かれたノートの最後に殴り書きで、

「来世に期待！」

と書いてあった。残念ながら来世などない。

服がたくさん落ちていることも多い。

「下着が落ちている近くには死体があるケースが多いですね。見つけた時には

『確変が入ったな』

と思って、念入りに調べますよ」

とKさんは語る。

自殺者が遺していた荷物。持ち主はこのすぐ近くで首を吊っていた

背広が落ちていることも多い。自然観測の人は樹海に背広では来ないだろうから、まず自殺者だ。中にはネクタイで首を吊って死んでいる人もいる。企業戦士だったのかもしれないが、死ぬ時くらいネクタイを外せばいいのにと思う。

音楽プレイヤーもよく落ちている。時代によって変わっていく。最初に見つけた時は、カセットテープのウォークマンだった。MDプレーヤー、MP3プレーヤーと進化していった。MP3プレーヤーでどんな曲を聴いていたのだろうと思って、最後に再生した曲を見てみたら、サザンオールスターズだった。意外と明るい曲を聴いてから逝ったようだ。

今まで見つけたモノの中で、一番気持ちが悪かったのはブーツだった。樹海に靴はよく落ちている。持ち主が骨になっても、靴は新品同様だ。だが気持ち悪くはない。

4人で樹海を散策中、ふと上を見上げるとかなり高い位置の枝にブーツが引っ掛けられていた。少し先に、もう片方のブーツも引っ掛けられている。見た目はジョークっぽいので、思わず笑ってしまったのだが、真顔になった。なぜ、樹にブーツを吊るしたのだろうか？　何かを知らせたかったのだろうか？　そして持ち主は吊るした後、どうしたのだろうか？

駐車場にずっと放置された大阪ナンバーの軽自動車

●樹海に残された車

樹海まではバスが出ているが、多くの人は自家用車、バイクで来る。そして樹海に車が置き去りにされることも多い。

樹海の中に、古いトラックが置き去りにされている。今は見ない古いトヨタのトラックだ。荷台は木製だった。朽ち果てている。

道もないところに突然トラックがあるから、すごく不自然だ。トラックがあった頃は道があったらしい。樹海の中では炭焼きなどをしている人もいたそうだ。現在でもキノコの栽培をしている人がいる。トラックは置き捨てられ、そのまま数十年経って、道がなくなってしまった。

富岳風穴の森の駅の駐車場には、ずっと停められている軽自動車があった。タイヤの空気はなくなり、冬には雪が大量に積もっていた。自動車の内部を覗いてみると、工事現場で使うヘルメットなどが入っている社用車だった。ナンバーは大阪だった。大阪から樹海に来る人は比較的少ないので、ちょっと意外だった。大阪から樹海までは5～6時間かかる。長い、最後のドライブだ。完全な廃車になってしまってからは、近くの駐車場に運ばれて、シートがかけられている。

同じパターンで、乾徳道場への登山道の手前の道路にスーパーカブが放置してあった。ハンドル回りが改造してあり、後部座席にたくさん荷物を積めるようにした、旅人仕様のスーパーカブだ。一緒に日本の各所を回ったのかもしれない。そして最後の地は、樹海になった。

とある映画監督に話を伺った。

樹海を舞台に映画を撮る予定で、ロケハンに来たそうだ。自動車を停めると、奥にすでに1台駐車してあった。マフラーにホースが取り付けられて、リアウィンドウに引き入れられていた。中を見ると、人が死んでいた。さほど傷んではいなかったという。若

樹海に乗り捨てられ、朽ち果てた古いトラック

手の助監督に通報させて処理をさせたという。

樹海で自動車が停まっていたら、そういうことかもしれない。

●穴に落ちて出られなくなった人

樹海で見つける死体のほとんどは自殺死体だ。自分の意思で死んでいる。

「自殺死体は怖いと思わないけど、事故死体はちょっと怖いですよね。これは知人に聞いた話で、自分で見たわけではないんですけど……」

Kさんの知人が見つけた遺体は、しっかりとした装備を身に着けていたという。登山服に登山靴、大き目のリュックも背負っていた。

もちろん、そういう服装で樹海に入って自殺する人もいるが、彼はそうではなかったようだ。

彼は穴の中で死んでいた。

樹海は、富士山が噴火した際に流れ出た溶岩が湖に流れ込んでできた。だから地面は溶岩で硬い。大小の穴、洞窟がたくさんある。洞窟を見つけるために樹海に潜る〝洞窟ハンター〟もいるくらいだ。

その人は、樹海を散策している時に、穴に落ちてしまったようだ。樹海の穴は落葉でふさがれていて、天然の落とし穴になっていることが多い。僕も散策をしていると毎回、踏み抜いて転ぶ。Kさんの知り合いは転んだはずみに腕を骨折してしまった。

その人は落ちたはずみに足を骨折してしまったようだ。骨折してしまったから、穴から抜け出すことができなくなってしまった。樹海の深いところだったから、助けを求めても誰にも届かない。そして、穴から抜け出せず死んでしまった……ようだった。

痛み、絶望感、苦しみの長さ、想像しただけで怖い、とても嫌な死に方だ。

樹海に1人で入るときは、くれぐれも慎重に行きたいものだ。

おわりに

「なぜ樹海で死ぬのですか？」

というのは一番聞かれる質問だ。

「樹海が有名な自殺スポットだから人が集まってきて自殺をし、さらに有名になるから、さらに人が集まる」

というのが一つの正解だ。樹海が自殺スポットだと知らなければ、ほとんどの人は樹海で自殺をしようなどとは思いつかないだろう。

ではそもそもなぜ樹海が有名な自殺スポットになったのか？　これは一般的には、松《まつ》本清張《もとせいちょう》の『波の塔』のラストシーンで樹海で自殺していたのが広まったと言われている。『波の塔』はこれまでに8回もドラマ化されており、その都度、該当のシーンが描かれるので有名になったというのだ。

これは正しいと思う。

ただ、そうなると

「松本清張はなぜ樹海を自殺スポットとして描こうと思ったのか？」

という謎に思い至る。

乾徳道場の道場主のおじいさんが

「特攻隊で死にきれなかったワシは、死に場所を求めて樹海を彷徨った。彷徨っている時にこの場所にたどり着いた」

と言っていたのも気になる。今では樹海で自殺するのは当たり前だが、戦後すぐの頃に「自殺をするなら樹海」という常識はあったのだろうか？

綿密な取材をすることで知られる松本清張だから『樹海が自殺スポット』である情報を得ていたのかもしれない。ただ、そうだったにせよ、地元では知られる自殺スポット、くらいのレベルだったはずだ。

青木ヶ原樹海に初めて行ってから、もう20年以上になる。それくらい長く取材している現場は他にもある。だが他の現場はどんどん変わっていく。古かった物は取り壊され、新しかった物は時代遅れになる。店も人もなくなっていく。諸行無常を常に感じつつ取材をし、記事を書くことになる。

だが、樹海は基本的に変わらない。20年前どころか、100年前からほとんど風景は変わっていないだろう。もちろん100年前は今のように簡単に樹海には来られなかったし、樹海で自殺する人も少なかっただろうが。

僕が死んでもしばらくの間は……富士山が噴火して全てが溶岩で焼き尽くされるまでは大きくは変わらないだろう。そういう悠久の中で取材をしているという安心感がある。

長く取材を続けてきたが、当初は樹海のことを〝怖い場所〟として取り扱うことはなかった。それは僕がサブカル雑誌、アングラ雑誌で記事を書いていたせいだと思う。基本的に「金が儲かる」「女を抱ける」という即物的で俗物的なネタが受ける業界だった。「怖い」という需要はあまりなかった。あったとしても霊能者が出てくるようなインチキくさいオカルトページだ。僕は霊現象の類は一切信じていないので、遠ざけていた。そもそも、自分の取材していることが怖いとも思っていなかった。

ある年、怪談の賞レースに誘われた時に、樹海のエピソードなどを話したらとても受けた。人怖（人の怖さを主軸にした怪談）もメインストリームではないが、それなりに需要があることも分かった。それで『怖い話』に寄せて、話を作るようになってきた。

ある程度、枝葉末節はカットしつつ、怖い部分を強調して見せる。樹海の本は1冊出したことがあったが、納得がいっていない部分もあったし、それからさらに取材を重ねて新しいネタも入手していた。説明は省略しつつ、怖い部分を協調して見せられたらいいなと思った。

そうして一気に書き上げたのがこの本だ。10日足らずで書き上げた。僕が怖いと思ったエピソード、気持ち悪いと思ったエピソード、死体の様子などを中心に書いた。

個人的には20年で溜まってきたネタを一気に吐き出すことができた。

この本の企画を通してくださった彩図社の草下シンヤさん、編集をしていただいた権田一馬さん、一緒に樹海に行った多くの皆さん、そして樹海の中で死んでいた全ての死体の皆さんに最大限の感謝を。

村田らむ

著者紹介

村田らむ

1972年愛知県名古屋市生まれ。ルポライター、イラストレーター、漫画家。九州産業大学芸術学部卒業。主にホームレス、新興宗教、サブカルチャー、アンダーグラウンドなどをテーマにした取材を行っている。近年はYouTubeやトークイベント、東洋経済オンラインでの執筆など活躍の場を広げている。著書に『にっぽんダークサイド見聞録』（産業情報センター）、『樹海考』（晶文社）、『危険地帯潜入調査報告書』（丸山ゴンザレスと共著・竹書房）、『ホームレス消滅』（幻冬舎）、『「非会社員」の知られざる稼ぎ方』（光文社）、『人怖』（竹書房）など多数。

樹海怪談

〜潜入ライターが体験した青木ヶ原樹海の恐ろしい話〜

2024年6月18日　第1刷

著　者　村田らむ

発行人　山田有司

発行所　株式会社　彩図社
東京都豊島区南大塚3-24-4
MTビル　〒170-0005
TEL：03-5985-8213　FAX：03-5985-8224

印刷所　シナノ印刷株式会社

URL https://www.saiz.co.jp　https://twitter.com/saiz_sha

ISBN978-4-8013-0723-0 C0095